高等学校教材

化工原理实验

主　编　刘军海　李志洲
副主编　王　伟　邵先钊　王俊宏　郑　楠

西北工业大学出版社

西安

【内容简介】 本书主要介绍了化工典型单元操作的 12 个实验。附录部分主要为实验过程所用基础数据、阿贝折光仪使用方法等,并附有各种坐标纸的使用方法以及下载地址,方便学生使用。本书突出化工原理实验的工程实践性、专业普遍性和探索启发性等。

本书可作为化工与制药类、食品类、环境类、材料类以及化学类相关专业化工原理实验课的教材或者参考用书,也可作为化工、制药、石油、食品等相关领域的科研与生产技术人员的参考书。

图书在版编目(CIP)数据

化工原理实验/刘军海,李志洲主编 . —西安:
西北工业大学出版社,2021.8
ISBN 978 - 7 - 5612 - 7922 - 9

Ⅰ.①化… Ⅱ.①刘 ②李 Ⅲ.①化工原理-实
验 Ⅳ.①TQ02 - 33

中国版本图书馆 CIP 数据核字(2021)第 169978 号

HUAGONG YUANLI SHIYAN

化 工 原 理 实 验

责任编辑:朱晓娟	策划编辑:肖 莎	
责任校对:张 友	装帧设计:李 飞	

出版发行:西北工业大学出版社
通信地址:西安市友谊西路 127 号 邮编:710072
电 话:(029)88491757,88493844
网 址:www.nwpup.com
印 刷 者:陕西向阳印务有限公司
开 本:787 mm×1 092 mm 1/16
印 张:6.875
字 数:180 千字
版 次:2021 年 8 月第 1 版 2021 年 8 月第 1 次印刷
定 价:28.50 元

前　言

　　化工原理实验是化工及制药类专业的专业基础实验课程之一,是在学生前期学习了化工原理的基础上开设的,是培养学生实验科研和实践动手等综合能力的重要环节。化工原理实验教学让学生受到化学与化工实验技能等方面的基本训练,使其能够运用所学基础理论、基本方法和专业知识,对具体的化工生产中的工艺与工程技术、产品开发等问题开展实验设计,并进行有效的实验探索研究,具备准确获取实验数据并进行分析,将实验结果进行关联以获得有效结论的能力。

　　化工原理实验以化工单元操作原理为切入点,以单元操作设备为主要内容,包括流体力学、传热、气体吸收、精馏、萃取、干燥等单元设备实验和化工流程实验。化工原理实验是学生在学习完化工原理的理论知识之后的实际应用,要求学生在实验过程中,具备较强的操作动手能力、分析判断能力以及解决问题能力。化工原理实验近年来的发展趋势是:综合性、设计性实验项目增多;实验装置趋于大型化;实验过程中数据波动比较大;机械零部件及控制仪器较多、结构复杂,大多接近实际化工生产装置,实践性、操作性和工程性是其最突出的特点。在实验教学过程中,要注重实验操作技能的训练,强调对学生实践能力和创新能力的培养,要以提高实践能力为抓手,以现代教育技术为手段,调动学生学习的兴趣。

　　本书是围绕现代化学工业的发展和人才的需求,结合陕西理工大学“培养具有创新精神和实践能力的高级应用型人才”的目标定位,针对浙江中控科教仪器设备有限公司的实验设备特点而编写的实验教材。全书分为绪论、化工原理实验和附录。

　　参加编写的有李志洲、刘军海、王伟、郑楠、邵先钊、王俊宏。季晓晖、刘智峰负责审定。在编写过程中,学校相关领导和实验教学中心的教师给予了大力支持,在此一并表示感谢。

　　本书适用于化工及相关专业的化工原理实验或者化工基础实验教学,每个实验教学内容可根据学生特点进行适当调整,一般可设置为4～6学时,实验项目以及总学时可根据专业培养要求选做。

　　在编写本书的过程中,参阅了相关文献资料,在此谨对其作者表示感谢。

　　书中若有不妥之处,请读者不吝赐教,以便于再版时修改完善。

编　者

2021 年 5 月

目　　录

第三部分

第一部分

绪　　论

一、新工科背景下对化工类实验与实践课程的要求

高等教育发展水平是一个国家发展水平和发展潜力的重要标志。目前,中国的工程教育总规模已位居世界第一。工程教育是我国高等教育的重要组成部分,在高等教育体系中"三分天下有其一"。工程教育在国家工业化进程中,对门类齐全、独立完整的工业体系的形成与发展,发挥了不可替代的作用。

第四次工业革命的迅猛展开,要求高等工程教育必须在创新中寻求出路。我国高等工程教育更要乘势而为、迎难而上,抓住新技术研发和新产业发展的机遇,在世界新一轮工程教育改革中发挥作用。我国高校要加快建设和发展新工科,一方面主动设置和发展一批新兴工科专业,另一方面推动现有工科专业的改革创新。

钟登华在《新工科建设的内涵与行动》一文中明确指出,新工科的内涵是以立德树人为引领,以应对变化、塑造未来为建设理念,以继承与创新、交叉与融合、协调与共享为主要途径,培养未来多元化创新型卓越工程人才,具有战略型、创新性、系统化、开放式的特征。

我国工程教育走向国际化、发挥全球影响力的一个重要环节就是加入《华盛顿协议》。《华盛顿协议》于1989年由来自美国、英国、加拿大等6个国家的民间工程专业团体发起和签署,其核心就是在保证培养质量要求下学历互认、资格互认。目前,《华盛顿协议》已成为国际工程教育的通识质量标准。2013年,我国成为《华盛顿协议》预备成员,2016年6月,中国科学技术协会代表我国正式加入《华盛顿协议》,成为第18个会员国。加入《华盛顿协议》是提高中国工程教育质量、促进中国工程师按照国际标准培养、提高中国工程技术人才培养质量的重要举措,是推进工程师资格国际互认的基础和关键,对中国工程技术领域应对国际竞争、走向世界具有重要意义。

化工类实验与实践教学的目的不仅是要求学生验证理论和掌握实验与实践技能,培养学生发现和解决工程问题的能力,更要培养学生综合运用知识的能力和创新意识,为今后从事生产和科学研究打下良好的基础。为此在新工科背景下化工类实验教学的内容应进行优化:

1)化工类实验与实践教学内容应注重与化工学科前沿相结合,注重与科研、社会实践应用紧密联系,注重将教学改革成果及时融入实验与实践教学中;

2)在学生掌握专业实验与实践基本操作和技能的基础上,通过综合性、设计性、创新性实验训练培养学生自主实验的能力;

3)开设专业应用性实验与实践项目,实现专业实验与实践教学与社会需求有效接轨。

在实验与实践教学质量保障方面应做到突出学生的主体地位,充分发挥学生在实验与实

践中的想象力,着重培养学生的实验与实践能力、工程素质、研究能力和创新能力,重点提高学生运用科学的思维和研究方法分析问题和解决问题的能力。最终通过实验与实践的学习,不仅让学生学会对专业理论知识的验证方法,更重要的是能运用理论知识对本专业有待解决的问题进行研究,全面了解工业生产设备运行、操作管理、产品研发等流程,加深对化工专业特点的认识,使实践教学与实际生产相结合。

为保障实验与实践教学的质量,在基础实验的过程中,提出问题,设计方案,控制变量,分析结果,讨论总结;在基础实验的过程中融入新的教学理念,变"实验"为"实践",在基础实验中获得"真知",把被动的"参加者"和"操作者"变为主动的"实践者"和"研究者";引导学生带着疑问和兴趣进实验室,在实验教学中突出"知识点"(原理)、技术点(操作要点)和兴奋点(实验拓展),同时要求学生对实验与实践要有分析、比较和总结,甚至是提出建议。

化工类实验与实践以验证型实验或实践为主,重在培养学生掌握基本概念、典型化工单元操作过程的机制和规律,并完成实验与实践操作、数据处理、仪器的使用等基本训练,教学过程中可以采用提问式和探究式的教学方法。以教师为主导,学生为主体,教师提出与工厂生产实践相关的工程问题,让学生在独立思考、小组讨论以及回答问题的过程中逐步了解该课程的特点和操作流程。此外,可以根据实验装置,提出一定的工艺指标(如规定产品的质量及数量等),要求学生在给定的时间内将设备调整到正常的运行状态,达到预定的工艺指标,并能维持若干时间的稳定运行。这样不仅有助于学生提高学习兴趣、集中注意力,而且能够最大限度地培养他们的创新能力和工程素质。

二、化工原理实验的目的及意义

化工原理课程是化学工程与化工工艺类及相关专业的重要基础技术课。其主要任务是研究化工生产过程中各种单元操作的内在规律,并利用这些规律解决化工生产中的工程问题,在培养从事化工科学研究和工程技术人才过程中发挥着重要作用。

化工原理实验是配合化工原理课堂理论教学而设置的实验课程,它不同于基础实验课,具有典型的工程实际特点。实验都是按各单元操作原理设置的,其工艺流程、操作条件和参数变量,都比较接近于工业应用,并用工程的观点去分析、观察和处理数据。实验结果可以直接用于或指导工程计算和设计。学习掌握化工原理的实验及其研究方法,是学生从理论学习到工程应用的一个重要实践过程,其教学目的如下:

1)通过实验进一步学习、掌握和运用学过的"三传"(动量传递、热量传递、质量传递)基本知识与理论。

2)运用所学化工基本知识、理论,分析实验过程中的各种现象和问题,培养训练学生分析和解决工程问题的能力。

3)理解化工实验设备的结构、特点,学习常用实验仪器仪表的使用,掌握化工实验的基本方法,并通过实验操作提高学生的实验技能,通过设计性、综合性实验,提高学生对化工基本理论的综合应用能力和工程素养。

4)应用计算机进行实验数据的分析处理,编写实验报告,培养训练学生实际计算和撰写报告的能力。

5)通过实验培养学生良好的学风和工作作风,以严谨、科学、求实的精神对待科学实验与开发研究工作,提高学生的科学素养。

6)通过实验培养学生团结协作精神,提高学生继续学习的能力。

三、实验研究的方法论

化工学科,如同其他工程学科一样,实验研究是学科建立和发展的重要基础;化工原理课程中有两条主线,其中工程研究方法论就是其一。多年来,化工原理在发展过程中形成的研究方法有直接实验法、量纲分析法和数学模型法等。

1.直接实验法

直接实验法是解决工程实际问题最基本的方法。该方法是指对特定的工程问题,通过直接实验测定,从而得到需要的结果。这种方法得到的结果较为可靠,但局限性较大。例如物料干燥,已知物料的湿分,用空气作干燥介质,在空气温度、湿度和流量一定的条件下,直接实验测定干燥时间和物料失水量,从而作出物料的干燥曲线。物料和干燥条件不同,所得干燥曲线也不同,进而影响实验结果的推广、应用。

2.量纲分析法

在对一个多变量影响的工程问题进行实验研究时,如采用网络法实验测定,设变量数为 m 个,每个变量改变水平条件数为 n,按这种方法规划实验,则所需实验次数为 n^m 次。依这种方法组织实验,所需实验的数目非常大,难以实现。所以实验需要在一定理论指导下进行,以减少工作量,并使得到的结果具有一定的普遍性。量纲分析法是化学工程实验研究广泛使用的一种方法。

量纲分析法的基本原则是物理方程的量纲一致性。将多变量函数,整理为简单的量纲为1的数群(又称特征准数)之间的函数,然后通过实验归纳整理出量纲为1的数群之间的具体关系式,从而大大减少实验工作量,同时也容易将实验结果应用到工程计算和设计中。

量纲分析法的具体步骤如下:

1)找出影响过程的独立变量;

2)确定独立变量所涉及的基本量纲;

3)构造变量和自变量间的函数式(通常以指数方程的形式表示);

4)用基本量纲表示所有独立变量的量纲,并写出各独立变量的量纲式;

5)依据物理方程的量纲一致性和 π 定理得出量纲为1的数群方程;

6)通过实验归纳总结量纲为1的数群之间的具体函数式。

例如,流体在管内流动的阻力和摩擦因数 λ 的计算研究,就是该用量纲分析解决的,可参阅量纲分析法和有关实验教材。利用量纲分析法,也可以得到各种传热过程的量纲为1的数群(特征数)之间的关系。

3.数学模型法

数学模型法是在对研究的问题有充分认识的基础上,将复杂问题做合理简化,提出一个近似实际过程的物理模型,并用数学方程(如微分方程)表示(即为数学模型),然后确定该方程的初始条件和边界条件,求解方程。高速计算机的出现,使数学模型法得以迅速发展,成为化学工程研究中的强有力工具。一个新的合理的数学模型,往往是在现象观察的基础上,或对实验数据进行充分研究后提出的,新的模型必然引入一定程度的近似和简化,或引入一定参数,这一切都有待于实验进一步的修正、校核和检验。例如,在研究过滤操作动力学规律时,通过对流体流过固体颗粒床层建立物理模型,利用数学方程(如微分方程)对其表征形成数学模型,然后通过实验测取数学模型参数,并对该数学模型进行验证;在对流传质研究中也提出过多种数学模型。

四、实验要求

1.实验准备

实验前必须认真预习实验教材和化工原理教材有关内容,仔细理解所做实验的目的、要求、方法和基本原理。在全面预习的基础上写出预习报告(内容包括目的、原理、实验方案、操作步骤、注意事项、思考题等),并准备好实验记录表格。进入实验室前,需通过实验室安全网络测试。

进入实验室后,要对实验装置及流程、设备结构、仪表测量方法及要求等做细致的了解,并反复思考实验操作步骤、测量内容与测定数据的方法。对实验预期的结果、可能发生的故障和排除方法,做一些初步的分析和估计。

实验开始前,小组成员应进行适当分工,明确要求,便于实验中协调工作。设备启动前要检查、调整设备进入启动前状态,然后按操作流程启动设备,进行实验。

2.实验操作、观察与记录

设备的启动与操作,应按教材或实验指导书说明的程序进行,对压力、流量、电压等变量的调节和控制要缓慢进行,防止出现剧烈波动的情况。

在实验过程中,应全神贯注、精心操作,要详细观察所发生的各种现象,这有助于对过程的分析和理解。

实验中,要认真、仔细地测定数据,将数据记录在规定的表格中。对数据要判断其合理性,在实验过程中如果遇到数据重复性差或规律性差等情况,应及时分析实验中的问题,找出原因并予以解决,必要时重复实验,杜绝任何草率的实验操作过程。

做完实验,要对数据进行初步检查,查看数据的科学性、规律性,有无遗漏或记错,一旦发现遗漏或记错应及时纠正、补充。实验记录应请指导教师核查、签字,核查数据后再停止实验并将设备恢复到实验前的状态,同时请指导教师检查实验装置处置是否到位。

实验记录是处理、总结实验结果的依据。实验前应按实验内容预先制作记录表格,在实验过程中认真做好实验记录。记录应仔细、认真、整齐、清楚;要注意保存原始记录,以便核对。实验中要保持平和心态,不急不躁,严格按照操作流程与注意事项进行操作。为保证实验数据的可靠性,下面提几点参考意见:

1)对稳定的操作过程,在改变操作条件后,必须要等待过程达到新的稳定状态,再开始读数记录,如气-汽传热实验中在空气流量发生改变后,空气进出换热器温度和蒸汽进出换热器温度变化的记录。而对不稳定的操作过程,从过程开始就应进行读数记录,为此就要在实验开始之前,充分熟悉实验方法并计划好记录的时刻或位置等,如恒压过滤实验的滤液量记录、间歇干燥实验中湿物料的质量记录等。

2)记录数据应是直接读取原始数值,不要经过运算后再记录。例如秒表读数 1 分 38 秒,就应记为 $1'38''$,不要记为 $98''$。又如 U 形压差计两壁液柱高差,应分别读数记录,不应只读取或记录液柱的差值,或只读取一侧液柱的变化乘以 2。

3)根据测量仪表的精度,正确读取有效数字。例如 1/1 000 分度的阿贝折射仪折光率,读数为 1.367 5 时,其有效数字为五位,可靠值为四位。读数最后一位是带有读数误差的估计值,尽管带有误差,在测量时仍应进行估计。

4)应科学地对待实验记录,不要凭主观臆测修改记录数据,也不要随意舍弃数据。对可疑数据,除有明显原因,如读错、误记等情况使数据不正常可以舍弃之外,一般应在数据处理时检查处理。数据处理时可以根据已学知识,如热量衡算或物料衡算为根据,或根据误差理论舍弃原则来进行。

5)记录数据表中数据应书写清楚,字迹工整。记错的数字应划掉重写,避免用涂改的方法,涂改后的数字容易误读或看不清楚。

6)实验前在实验数据记录表前面详细记录检测仪表的特征参数(规格、型号)、生产厂家、出厂编号等;在实验数据记录表的表头认真写上实验名称、实验室环境参数(如干球温度、湿球温度、大气压等),这些参数根据实验的需要如实记录。

3.实验报告

实验结束后,应及时处理数据,并按实验要求,认真地完成报告的整理、编写工作。实验报告既是实验工作的总结,也是对学生工作能力的培养,因此要求每位学生独立完成这项工作。

实验报告应包括以下内容:

1)实验题目;

2)实验目的或任务;

3)实验基本原理;

4)实验设备及流程(绘制流程简图),简要说明操作步骤、注意事项;

5)原始数据记录;

6)数据整理方法及计算示例,实验结果可以用列表、图形曲线或经验公式表示;

7)实验结果分析、讨论;

8)实验思考与知识拓展。

实验报告中应写出本人姓名、学号、班级、实验日期、同组人和指导教师姓名。

实验报告编写力求简明、扼要,分析说理清楚,文字书写工整,正确使用标点符号。图表要整齐地放在适当位置,且编写规范,符合要求。

实验报告中数据整理应真实反映原始数据,不得随意修改;对处理结果有较大偏差的数据不得随意删去,需进行误差分析。对验证性实验,需对实验结果进行理论对比分析;对综合性、设计性实验需对实验结果进行误差分析。

实验报告应在指定时间交给指导教师批阅。

第二部分

实验一　流体流动阻力的测定

一、实验目的

1)掌握测定流体流经直管、管件和阀门时阻力损失的一般实验方法。

2)测定直管摩擦因数 λ 与雷诺数 Re,并作出其关系曲线。

3)测定流体流经管件、阀门时的局部阻力系数 ξ。

4)学会倒 U 形压差计和涡轮流量计的使用方法。

5)辨识组成管路的各种管件、阀门,并了解其作用。

二、基本原理

流体通过由直管、管件(如三通和弯头等)和阀门等组成的管路系统时,由于黏性剪应力和涡流应力的存在,要损失一定的机械能。流体流经直管时所造成的机械能损失称为直管阻力损失。流体通过管件、阀门时因流体运动方向和速度大小改变所引起的机械能损失称为局部阻力损失。

1.直管阻力摩擦因数 λ 的测定

流体在水平等径直管中稳定流动时,阻力损失为

$$h_f = \frac{\Delta p_f}{\rho} = \frac{p_1 - p_2}{\rho} = \lambda \frac{l}{d} \frac{u^2}{2} \qquad (2-1)$$

即

$$\lambda = \frac{2d\Delta p_f}{\rho l u^2} \qquad (2-2)$$

式中:λ——直管阻力摩擦因数,无因次;

$\quad d$——直管内径,m;

Δp_f——流体流经直管的压力降,Pa;

$\quad h_f$——单位质量流体流经直管的机械能损失,J/kg;

$\quad \rho$——流体密度,kg/m³;

$\quad l$——直管长度,m;

$\quad u$——流体在管内流动的平均流速,m/s。

滞流(层流)时:

$$\lambda = \frac{64}{Re} \qquad (2-3)$$

$$Re = \frac{du\rho}{\mu} \tag{2-4}$$

式中：Re——雷诺数，无因次；

μ——流体黏度，$kg/(m \cdot s)$。

湍流时 λ 是雷诺数 Re 和相对粗糙度（ε/d）的函数，须由实验确定。

由式（2-2）可知，欲测定 λ，需确定 l，d，测定 Δp_f，u，ρ，μ 等参数。l，d 为装置参数（装置参数表格中给出）；ρ，μ 通过测定流体温度，再查有关手册而得；u 通过测定流体流量，再由管径计算得到。

本实验装置采用涡轮流量计测的流量 $V(m^3/h)$：

$$Re = \frac{V}{900\pi d^2} \tag{2-5}$$

Δp_f 可用 U 形管、倒 U 形管、测压直管等液柱压差计测定，或采用差压变送器和二次仪表显示。

（1）当采用倒 U 形管液柱压差计时

$$\Delta p_f = \rho g R \tag{2-6}$$

式中：R——水柱高度，m。

（2）当采用 U 形管液柱压差计时

$$\Delta p_f = (\rho_0 - \rho) g R \tag{2-7}$$

式中：R——液柱高度，m；

ρ_0——指示液密度，kg/m^3。

根据实验装置结构参数 l，d，指示液密度 ρ_0，流体温度 t_0（查流体物理性质 ρ，μ），及实验时测定的流量 V、液柱压差计的读数 R，通过式（2-5）、式（2-6）或式（2-7）、式（2-4）和式（2-2）求取 Re 和 λ，再将 Re 和 λ 的数据标绘在双对数坐标图上。

2.局部阻力系数 ξ 的测定

局部阻力损失通常有两种表示方法——当量长度法和阻力系数法。

（1）当量长度法

将流体流过某管件或阀门时造成的机械能损失看作与某一长度的同直径的管道所产生的机械能损失相当，此折合的管道长度称为当量长度，用符号 l_e 表示。这样，就可以用直管阻力的公式来计算局部阻力损失，而且在管路计算时可将管路中的直管长度与管件、阀门的当量长度合并在一起计算，则流体在管路中流动时的总机械能损失

$$\Sigma h_f = \lambda \frac{l + \Sigma l_e}{d} \frac{u^2}{2} \tag{2-8}$$

（2）阻力系数法

流体通过某一管件或阀门时的机械能损失表示为流体在小管径内流动时平均动能的某一倍数，即

$$h'_f = \frac{\Delta p'_f}{\rho} = \xi \frac{u^2}{2} \tag{2-9}$$

局部阻力的这种计算方法，称为阻力系数法。由式（2-9）得

$$\xi = \frac{2\Delta p'_f}{\rho u^2} \tag{2-10}$$

式中：ξ——局部阻力系数，无因次；

$\Delta p'_{\mathrm{f}}$——局部阻力压强降，Pa（本装置中，所测得的压降应扣除两测压口间直管段的压降，
直管段的压降由直管阻力实验结果求取）；

ρ——流体密度，kg/m^3；

g——重力加速度，约为 9.81 m/s^2；

u——流体在小截面管中的平均流速，m/s。

待测的管件和阀门由现场指定。本实验采用阻力系数法表示管件或阀门的局部阻力
损失。

根据连接管件或阀门两端管径中小管的直径 d、指示液密度 ρ_0、流体温度 t_0（查流体物理
性质 ρ，μ）及实验时测定的流量 V、液柱压差计的读数 R，通过式（2-5）、式（2-6）或式（2-7）、
式（2-10）求取管件或阀门的局部阻力系数 ξ。

三、实验装置与流程

1.实验装置

实验装置如图 2-1 所示。

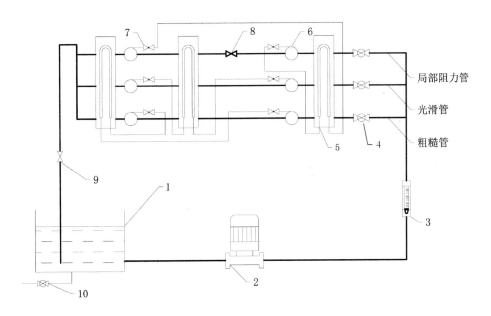

图 2-1　实验装置图

1—水箱；2—管路泵；3—转子流量计；4—球阀；5—倒 U 形差压计；6—均压环；
7—球阀；8—局部阻力管上的闸阀；9—出水管路闸阀；10—排水阀

实验装置包括水箱，离心泵，不同管径、材质的水管，各种阀门、管件，涡轮流量计和倒 U
形压差计等。管路部分有三段并联的长直管，分别为用于测定局部阻力系数、光滑管直管阻力
系数和粗糙管直管阻力系数。测定局部阻力部分使用不锈钢管，其上装有待测管件（闸阀）；光
滑管直管阻力的测定同样使用内壁光滑的不锈钢管，而粗糙管直管阻力的测定对象为管道内
壁较粗糙的镀锌管。

流量使用涡轮流量计测量,将涡轮流量计的信号传给相应的显示仪表显示出转速,管路和管件的阻力采用倒 U 形差压计直接读出读数。

2.实验流程

实验水箱加入约 2/3 的水,水经管路泵分别输送到局部阻力管、光滑管和粗糙管,最后输送到水箱,局部阻力管、光滑管和粗糙管为并联管路,实验开启一路进口阀门时,其余两路进口阀门必须关闭。

3.装置参数

装置参数见表 2-1。

表 2-1 装置参数

名称	材质	管路号	管内径/mm	测量段长度/cm
局部阻力	闸阀	1A	20.0	95
光滑管	不锈钢管	1B	20.0	100
粗糙管	镀锌铁管	1C	21.0	100

四、实验步骤与注意事项

1.实验准备

1)清洗水箱,清除底部杂物,防止损坏泵的叶轮和涡轮流量计。关闭箱底侧排污阀,灌清水至距水箱上缘约 15 cm 高度,既可提供足够的实验用水又可防止出口管处水花飞溅。

2)接通控制柜电源,打开总开关电源及仪表电源,进行仪表自检。打开水箱与泵连接管路间的球阀,关闭泵的回流阀,全开转子流量计下的闸阀。若泵吸不上水,可能是叶轮反转,首先检查有无缺相,一般可从指示灯判断三相电是否正常;其次检查有无反相,需检查管道离心泵电机部分电源相序,调整三根火线中的任意两线插口即可。

2.实验管路选择

选择实验管路,把对应的进口阀打开,并在出口阀最大开度下,保持全流量流动 5～10 min。

3.排气

先进行管路的引压操作。需打开实验管路均压环上的引压阀,对倒 U 形管(见图 2-2)进行操作如下:

1)排出系统和导压管内的气泡。关闭管路总出口阀门,使系统处于零流量、高扬程状态。关闭进气阀门 3 和出水阀门 5 以及平衡阀门 4。打开高压侧阀门 2 和低压侧阀门 1 使实验系统的水经过系统管路、导压管、高压侧阀门 2、倒 U 形管、低压侧阀门 1 排出系统。

2)玻璃管吸入空气。排净气泡后,关闭高压侧阀门 2 和低压侧阀门 1 两个阀门,打开平衡阀门 4、出水阀门 5 和进气阀门 3,使玻璃管内的水排净并吸入空气。

3)平衡水位。关闭平衡阀门 4,然后打开高压侧阀门 2 和低压侧阀门 1 两个阀门,让水进入玻璃管至平衡水位(此时系统中的出水阀门始终是关闭的,管路中的水在零流量时,倒 U 形管内水位是平衡的,压差计即处于待用状态。

4)被测对象在不同流量下对应的差压,就反映为倒 U 形管压差计的左右水柱之差。

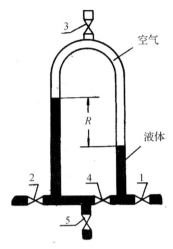

图 2-2 倒 U 形管压差计

1-低压侧阀门;2-高压侧阀门;3-进气阀门;4-平衡阀门;5-出水阀门

4.流量调节

进行不同流量下的管路压差测定。让流量在 0.8~4 m³/h 范围内变化,建议每次实验变化 0.5 m³/h 左右。由小到大或由大到小调节管路总出口阀,每次改变流量,待流动达到稳定后,读取各项数据,共作 8~10 组实验点,主要获取实验参数为流量 Q、测量管段压差 ΔP 及流体温度 T。

5.实验结束

实验完毕,关闭管路总出口阀门,然后关闭泵开关和控制柜电源,将该管路的进口球阀和对应均压环上的引压阀关闭,清理装置(若长期不用,则管路残留水可从排水阀进行排空,水箱的水也通过排水阀排空)。

五、实验数据记录

实验日期:＿＿＿＿＿＿＿＿ 实验人员:＿＿＿＿＿＿＿＿ 学　号:＿＿＿＿＿＿＿＿

环境温度:＿＿＿＿＿＿＿＿ 环境湿度:＿＿＿＿＿＿＿＿ 装置号:＿＿＿＿＿＿＿＿

实验数据记录见表 2-2。

表 2-2　实验数据列表

序号	流量 $\mathrm{m^3 \cdot h^{-1}}$	光滑管 $\mathrm{mmH_2O}$			粗糙管 $\mathrm{mmH_2O}$			局部阻力 $\mathrm{mmH_2O}$		
		左	右	压差	左	右	压差	左	右	压差

续表

序号	流量 $\dfrac{}{m^3 \cdot h^{-1}}$	光滑管 mmH$_2$O			粗糙管 mmH$_2$O			局部阻力 mmH$_2$O		
		左	右	压差	左	右	压差	左	右	压差

水温(实验开始前):_____ ℃,水温(实验结束后):_____ ℃

注:1 mmH$_2$O≈9.68 Pa。

六、实验报告

1)根据粗糙管实验数据,在双对数坐标纸上标绘出 λ-Re 曲线,附上计算示例。对照化工原理教材上有关曲线图,即可估算出该管的相对粗糙度和绝对粗糙度。

2)根据光滑管实验数据,在双对数坐标纸上标绘出 λ-Re 曲线,附上计算示例。对照柏拉修斯方程,计算其误差。

3)根据局部阻力实验结果,求出水阀门全开时的平均 ξ 值,附上计算示例。

4)对实验结果进行分析讨论。

七、思考题

1)在对装置做排气工作时,是否一定要关闭流程尾部的出水阀门? 为什么?

2)如何检测管路中的空气已经排除干净?

3)以水作介质所测得的 λ-Re 关系能否适用于其他流体? 如何应用?

4)在不同设备上(包括不同管径)、不同水温下测定的 λ 和 Re 数据能否关联在同一条曲线上?

5)如果测压口、孔边缘有毛刺或安装不垂直,对静压的测量有何影响?

实验二　流量计的校核

一、实验目的

1)熟悉孔板流量计的构造、性能及安装方法。
2)掌握流量计的标定方法之一——容量法。
3)测定孔板流量计的孔流系数与雷诺数,并作出其关系曲线。

二、基本原理

对非标准化的各种流量仪表,在出厂前都必须进行流量标定,建立流量刻度标尺(如转子流量计)、给出孔流系数(如涡轮流量计)、给出校正曲线(如孔板流量计)。使用者在使用时,若工作介质、温度、压强等操作条件与原来标定时的条件不同,就需要根据现场情况,对流量计进行标定。

孔板流量计、文丘里流量计的收缩口面积都是固定的,而流体通过收缩口的压力降则随流量大小而变,据此来测量流量,因此,称其为变压头流量计。而另一类流量计中,当流体通过时,压力降不变,但收缩口面积却随流量而改变,故称这类流量计为变截面流量计,此类的典型代表是转子流量计。

孔板流量计是应用最广泛的节流式流量计之一,本实验采用自制的孔板流量计测定液体流量,用容量法进行标定,同时测定孔流系数与雷诺数的关系。

孔板流量计是根据流体的动能和势能相互转化原理而设计的,流体通过锐孔时流速增加,造成孔板前后产生压强差,可以通过引压管在压差计或差压变送器上显示。其基本构造如图 2-3 所示。

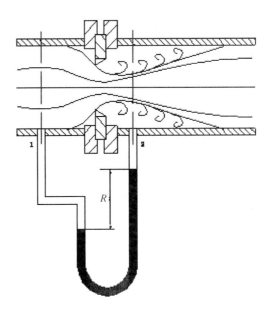

图 2-3　孔板流量计

若管路直径为 d_1,孔板锐孔直径为 d_0,流体流经孔板前后所形成的缩脉直径为 d_2,流体的密度为 ρ,则根据伯努利方程,在界面 1、界面 2 处有

$$\frac{u_2^2 - u_1^2}{2} = \frac{p_1 - p_2}{\rho} = \frac{\Delta p}{\rho} \tag{2-11}$$

或

$$\sqrt{u_2^2 - u_1^2} = \sqrt{2\Delta p/\rho} \tag{2-12}$$

由于缩脉处位置随流速而变化,截面积 A_2 又难以知道,而孔板孔径的面积 A_0 是已知的,因此,用孔板孔径处流速 u_0 来替代式(2-12)中的 u_2,又考虑这种替代带来的误差以及实际流体局部阻力造成的能量损失,故需用系数 C 加以校正。式(2-12)改写为

$$\sqrt{u_0^2 - u_1^2} = C\sqrt{2\Delta p/\rho} \tag{2-13}$$

对于不可压缩流体,根据连续性方程可知 $u_1 = \dfrac{A_0}{A_1} u_0$,代入式(2-13)并整理可得

$$u_0 = \frac{C\sqrt{2\Delta p/\rho}}{\sqrt{1 - (\frac{A_0}{A_1})^3}} \tag{2-14}$$

令

$$C_0 = \frac{C}{\sqrt{1 - (\frac{A_0}{A_1})^2}} \tag{2-15}$$

则式(2-14)简化为

$$u_0 = C_0\sqrt{2\Delta p/\rho} \tag{2-16}$$

根据 u_0 和 A_0 即可计算出流体的体积流量

$$V = u_0 A_0 = C_0 A_0 \sqrt{2\Delta p/\rho} \tag{2-17}$$

或

$$V = u_0 A_0 = C_0 A_0 \sqrt{2gR(\rho_i - \rho)/\rho} \tag{2-18}$$

式中:V——流体的体积流量,m^3/s;

   R——倒 U 形压差计的读数,m;

   ρ_i——压差计中指示液密度,kg/m^3;

   C_0——孔流系数,无因次。

C_0 由孔板锐口的形状、测压口位置、孔径与管径之比和 Re 所决定,具体数值由实验测定。当孔径与管径之比为一定值时,Re 超过某个数值后,C_0 接近于常数。一般工业上定型的流量计,就是规定在 C_0 为定值的流动条件下使用。C_0 值范围一般为 0.6~0.7。

孔板流量计安装时应在其上、下游各有一段直管段作为稳定段,上游长度至少应为 $10\,d_1$,下游为 $5\,d_2$。孔板流量计构造简单,制造和安装都很方便,其主要缺点是机械能损失大。由于机械能损失,下游速度复原后,压力不能恢复到孔板前的值,称为永久损失。d_0/d_1 的值越小,永久损失越大。

三、实验装置与流程

1.实验装置

实验装置如图 2-4 所示,主要部分由循环水泵、流量计、倒 U 形压差计、温度计和水槽等

组成,实验主管路长为 3.33 cm 的不锈钢管(内径为 25 mm)。

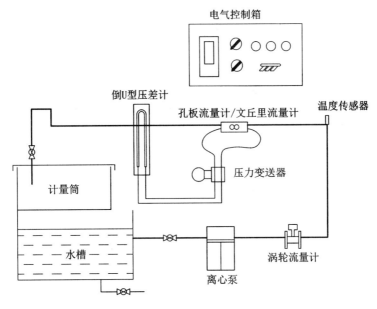

图 2-4　实验装置图

2.实验流程

实验装置的水槽加入约 2/3 体积的水,经离心泵分别输送到孔板流量计/文丘里流量计,然后流入计量槽,计量槽的水位高度记录完后,计量槽内的水由计量槽下方的阀门排入水箱。

四、实验步骤与注意事项

1)熟悉实验装置,了解各阀门的位置及作用。

2)对装置中有关管道、导压管、压差计进行排气,使倒 U 形压差计处于工作状态。

3)对应每一个阀门开度,用容积法测量流量,同时记下压差计的读数,按由小到大的顺序在小流量时测量 8～9 个点,大流量时测量 5～6 个点。为保证标定精度,最好再从大流量到小流量重复一次,然后取其平均值。

4)测量流量时应保证每次测量中,计量桶液位差不小于 100 mm 或测量时间不少于 40 s。

5)主要计算过程如下:

a.根据体积法(秒表配合计量筒)算得流量 $V(\mathrm{m^3/h})$;

b.根据 $u = \dfrac{4V}{\pi d^2}$,孔板取喉径 $d_0 = 15.347$ mm,文丘里取喉径 $d = 12.403$ mm;

c.读取流量 V(由闸阀开度调节)对应下的压差计高度差 R,根据 $u_0 = C_0\sqrt{2\Delta p/\rho}$ 和 $\Delta p = \rho g R$,求得 C_0。

d.根据 $Re = \dfrac{du\rho}{\mu}$,求得雷诺数,其中 d 取对应的 d_0 值。

e.在坐标纸上分别绘出孔板流量计和文丘里流量计的 C_0-Re 图。

五、实验数据记录

实验日期：＿＿＿＿＿＿＿＿　实验人员：＿＿＿＿＿＿＿＿　学　号：＿＿＿＿＿＿＿＿

环境温度：＿＿＿＿＿＿＿＿　环境湿度：＿＿＿＿＿＿＿＿　装置号：＿＿＿＿＿＿＿＿

实验数据记录见表 2-3。

表 2-3　实验数据列表

序号	水箱液位高度	文丘里流量计数列值 mmH$_2$O			孔板流量计数值 mmH$_2$O		
	m	左	右	压差	左	右	压差

水箱参数：长＿＿＿＿＿＿＿mm，宽＿＿＿＿＿＿＿mm

水箱水温(实验开始前)：＿＿＿＿＿＿＿℃，水箱水温(实验结束后)：＿＿＿＿＿＿＿℃

六、实验报告

1)将所有原始数据及计算结果列成表格，并附上计算示例。

2)在单对数坐标纸上分别绘出孔板流量计和文丘里流量计的 C_0-Re 图。

3)对实验结果进行分析讨论。

七、思考题

1)孔流系数与哪些因素有关？

2)孔板流量计、文丘里流量计安装时各应注意什么问题？

3)如何检查系统排气是否完全？

4)从实验中，可以直接得到 ΔR-V 的校正曲线，经整理后也可以得到 C_0-Re 的曲线，这两种表示方法各有什么优点？

5)孔板流量计能不能用于气体流量的测量？为什么？文丘里流量计能不能用于气体流量的测量？为什么？

实验三　离心泵特性曲线的测定

一、实验目的

1)了解离心泵的结构与特性,熟悉离心泵的使用。

2)掌握离心泵特性曲线测定方法。

3)了解电动调节阀的工作原理和使用方法。

二、基本原理

离心泵的特性曲线是选择和使用离心泵的重要依据之一,其特性曲线是在恒定转速下泵的扬程 H、轴功率 N 及效率 η 与泵的流量 Q 之间的关系曲线,它是流体在泵内流动规律的宏观表现形式。由于泵内部流动情况复杂,不能用理论方法推导出泵的特性关系曲线,只能依靠实验测定。

1.扬程 H 的测定与计算

取离心泵进口真空表和出口压力表处为 1,2 两截面,列机械能衡算方程:

$$z_1 + \frac{p_1}{\rho g} + \frac{u_1^2}{2g} + H = z_2 + \frac{p_2}{\rho g} + \frac{u_2^2}{2g} + \sum h_f \qquad (2-19)$$

式中:ρ——流体密度,kg/m³;

　　g——重力加速度 m/s²;

p_1,p_2——泵进口的真空度和出口的表压,Pa;

u_1,u_2——泵进、出口的流速,m/s;

　　H——扬程,m;

　$\sum h_f$——阻力损失项,m;

z_1,z_2——真空表、压力表的安装高度,m。

由于两截面间的管长较短,通常可忽略阻力损失项 $\sum h_f$,速度二次方差也很小,故可忽略,则有

$$H = (z_2 - z_1) + \frac{p_2 - p_1}{\rho g}$$
$$= H_0 + H_1(\text{表值}) + H_2 \qquad (2-20)$$

式中:$H_0 = z_2 - z_1$——泵出口和进口间的位差,m;

　　　H_1,H_2——泵进、出口的真空度和表压对应的压头,m。

由式(2-20)可知,只要直接读出真空表和压力表上的数值及两表的安装高度差,就可计算出泵的扬程。

2.轴功率 N 的测量与计算

可用下式计算轴功率 N:

$$N = N_电 k \tag{2-21}$$

式中:$N_电$——电功率表显示值;

k——电机传动效率,可取 $k=0.95$。

3.效率 η 的计算

泵的效率 η 是泵的有效功率 N_e 与轴功率 N 的比值。有效功率 N_e 是单位时间内流体经过泵时所获得的实际功,轴功率 N 是单位时间内泵轴从电机得到的功,两者差异反映了水力损失、容积损失和机械损失的大小。泵的有效功率 N_e 可用下式计算:

$$N_e = HQ\rho g \tag{2-22}$$

故泵效率为

$$\eta = \frac{N_e}{N} \times 100\% = \frac{HQ\rho g}{N} \times 100\% \tag{2-23}$$

4.转速改变时的换算

泵的特性曲线是在定转速下的实验测定所得的。但是,实际上感应电动机在转矩改变时,其转速会有变化,这样随着流量 Q 的变化,多个实验点的转速 n 将有所差异,因此在绘制特性曲线之前,须将实测数据换算为某一定转速 n' 下(可取离心泵的额定转速 2 900 r/min)的数据。换算关系如下:

流量:

$$Q' = Q\frac{n'}{n} \tag{2-24}$$

扬程:

$$H' = H(\frac{n'}{n})^2 \tag{2-25}$$

轴功率:

$$N' = N(\frac{n'}{n})^3 \tag{2-26}$$

效率:

$$\eta' = \frac{Q'H'\rho g}{N'} = \frac{QH\rho g}{N} = \eta \tag{2-27}$$

三、实验装置与流程

实验装置如图 2-5 所示。

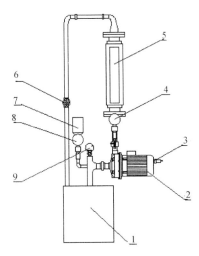

图 2 - 5　实验装置图

1—水箱;2—离心泵;3—转速传感器;4—泵出口压力表;5—玻璃转子流量计;
6—出口流量调节闸阀门;7—灌泵漏斗;8—泵进口压力表;9—温度计

实验流程:水箱内注入约 2/3 的水,水由吸入管路经离心泵输送到流量计,再经出口流量调节阀循环排入水箱。

四、实验步骤与注意事项

1.实验步骤

1)清洗水箱,并加装实验用水。通过灌泵漏斗给离心泵灌水,排除泵内气体。

2)检查各阀门开度和仪表自检情况,试开状态下检查电机和离心泵是否正常运转。开启离心泵之前先将出口阀门关闭,在泵达到额定转速后方可逐步打开出口阀。

3)实验时,逐渐打开出口流量调节闸阀增大流量,待各仪表读数显示稳定后,读取相应数据。离心泵特性实验主要获取实验数据为流量 Q、泵进口压力 p_1、泵出口压力 p_2、电机功率 $N_电$、泵转速 n 及流体温度 t 和两测压点间高度差 $H_0(H_0 = 0.1\ \text{m})$。

4)改变出口流量调节闸阀的开度,测取 10 组左右数据后,可以停泵,同时记录下设备的相关数据(如离心泵型号、额定流量、额定转速、扬程和功率等),停泵前先将出口流量调节闸阀关闭。

2.注意事项

1)一般每次实验前,均需对泵进行灌泵操作,以防止离心泵气缚。同时注意定期对泵进行保养,防止叶轮被固体颗粒损坏。

2)泵运转过程中,勿触碰泵主轴部分,因其高速转动,可能会缠绕并伤害身体接触部位。

3)不要在出口流量调节闸阀关闭状态下长时间使泵运转,一般不超过 3 min,否则泵中液体循环温度升高,易生气泡,使泵抽空。

五、实验数据记录

实验日期:_____　实验人员:_____　学　号:_____

环境温度：_____ 环境湿度：_____ 装置号：_____

实验数据记录见表2-4。

表 2-4 实验原始数据记录表

序号	流量 Q m³·h⁻¹	泵进口压力 p_1 kPa	泵出口压力 p_2 kPa	电机功率 $N_电$ kW	泵转速 n r·min⁻¹

离心泵型号：_____，泵进出口测压点高度差：_____

离心泵额定流量：_____，离心泵额定扬程：_____，离心泵额定功率：_____

水箱水温(实验开始前)：_____℃，水箱水温(实验结束后)：_____℃

六、实验报告

1)计算流量 Q'、扬程 H'、轴功率 N'、泵效率 η'，并附上计算示例。

2) 分别绘制一定转速下的 $H\text{-}Q$，$N\text{-}Q$，$\eta\text{-}Q$ 曲线。

3)判断离心泵最为适宜的工作范围。

4)对实验结果进行分析讨论。

七、思考题

1)离心泵在启动时为什么要关闭出口阀门(试从所测实验数据分析)？

2)启动离心泵之前为什么要引水灌泵？ 如果灌泵后依然启动不起来,你认为可能的原因是什么？

3)为什么用泵的出口阀门调节流量？ 这种方法有什么优缺点？ 是否还有其他方法调节流量？

4)泵启动后,出口阀门如果不开,压力表读数是否会逐渐上升？ 为什么？

5)正常工作的离心泵,在其进口管路上安装阀门是否合理？ 为什么？

6)用清水泵输送密度为 1 200 kg/m³ 的盐水,在相同流量下泵的压力是否变化？ 轴功率是否变化？

实验四　恒压过滤常数测定实验

一、实验目的

1）了解板框压滤机的构造和操作方法。

2）通过恒压过滤实验，验证过滤基本理论。

3）学会测定过滤常数 K，q_e、τ_e 及压缩性系数 s 的方法。

4）掌握过滤压力对过滤速率的影响。

二、基本原理

过滤是以某种多孔物质为介质来处理悬浮液以达到固、液分离的一种操作过程，即在外力的作用下，悬浮液中的液体通过固体颗粒层（即滤渣层）及多孔介质的孔道而固体颗粒被截留下来形成滤渣层，从而实现固、液分离。因此，过滤操作本质上是流体通过固体颗粒层的流动，而这个固体颗粒层（滤渣层）的厚度随着过滤的进行而不断增加，故在恒压过滤操作中，过滤速度不断降低。

过滤速度 u 定义为单位时间单位过滤面积内通过过滤介质的滤液量。影响过滤速度的主要因素除过滤推动力（压强差）Δp、滤饼厚度 L 外，还有滤饼和悬浮液的性质、悬浮液温度、过滤介质的阻力等。

过滤时，滤液流过滤渣和过滤介质的流动过程基本上处在层流流动范围内，因此，可利用流体通过固定床压降的简化模型，寻求滤液量与时间的关系，可得过滤速度计算式：

$$u = \frac{\mathrm{d}V}{A\,\mathrm{d}\tau} = \frac{\mathrm{d}q}{\mathrm{d}\tau} = \frac{A\Delta p^{-s}}{\mu r C(V+V_e)} = \frac{A\Delta p^{-s}}{\mu r' C'(V+V_e)} \qquad (2-28)$$

式中：u——过滤速度，m/s；

　　　V——通过过滤介质的滤液量，m³；

　　　A——过滤面积，m²；

　　　τ——过滤时间，s；

　　　q——通过单位面积过滤介质的滤液量，m³/m²；

　　　Δp——过滤压力（表压），Pa；

　　　s——滤渣压缩性系数；

　　　μ——滤液的黏度，Pa·s；

　　　r——滤渣比阻，1/m²；

　　　C——单位滤液体积的滤渣体积，m³/m³；

V_e——过滤介质的当量滤液体积，m^3；

r'——滤渣比阻，m/kg；

C'——单位滤液体积的滤渣质量，kg/m^3。

对于一定的悬浮液，在恒温和恒压下过滤时，μ，r，C 和 Δp 都恒定，为此令

$$K = \frac{2\Delta p^{1-s}}{\mu r C} \tag{2-29}$$

于是式（2-28）可改写为

$$\frac{dV}{d\tau} = \frac{KA^2}{2(V+V_e)} \tag{2-30}$$

式中：K ——过滤常数，由物料特性及过滤压差所决定，m^2/s。

将式（2-30）分离变量积分，整理得

$$\int_{V_e}^{V+V_e} (V+V_e)d(V+V_e) = \frac{1}{2}KA^2\int_0^\tau d\tau \tag{2-31}$$

即

$$V^2 + 2VV_e = KA^2\tau \tag{2-32}$$

将式（2-31）的积分范围改为从 $0\sim V_e$ 和从 $0\sim\tau_e$，则

$$V_e^2 = KA^2\tau_e \tag{2-33}$$

将式（2-32）和式（2-33）相加，可得

$$(V+V_e)^2 = KA^2(\tau+\tau_e) \tag{2-34}$$

式中：τ_e —— 虚拟过滤时间，相当于滤出滤液量 V_e 所需时间，s。

再将式（2-34）微分，得

$$2(V+V_e)dV = KA^2 d\tau \tag{2-35}$$

将式（2-35）写成差分形式，则

$$\frac{\Delta\tau}{\Delta q} = \frac{2}{K}\bar{q} + \frac{2}{K}q_e \tag{2-36}$$

式中：Δq——每次测定的单位过滤面积滤液体积（在实验中一般等量分配），m^3/m^2；

$\Delta\tau$——每次测定的滤液体积 Δq 所对应的时间，s；

$\bar{q}$ ——相邻两个 q 值的平均值，m^3/m^2。

以 $\Delta\tau/\Delta q$ 为纵坐标，$\bar{q}$ 为横坐标将式（2-36）标绘成一直线，可得该直线的斜率和截距。

斜率：

$$S = \frac{2}{K} \tag{2-37}$$

截距：

$$I = \frac{2}{K}q_e \tag{2-38}$$

则

$$K = \frac{2}{S} \tag{2-39}$$

$$q_e = \frac{KI}{2} = \frac{I}{S} \tag{2-40}$$

$$\tau_e = \frac{q_e^2}{K} = \frac{I^2}{KS^2} \tag{2-41}$$

改变过滤压差 Δp，可测得不同的 K 值，对 K 的定义式(2-29)两边取对数得

$$\lg K = (1-s)\lg(\Delta p) + B \tag{2-42}$$

在实验压差范围内，若 B 为常数，则 $\lg K \sim \lg(\Delta p)$ 的关系在直角坐标上应是一条直线，斜率为 $(1-s)$，可得滤饼压缩性系数 s。

三、实验装置与流程

本实验装置由空压机、配料槽、压力料槽、板框过滤机等组成，如图 2-6 所示。

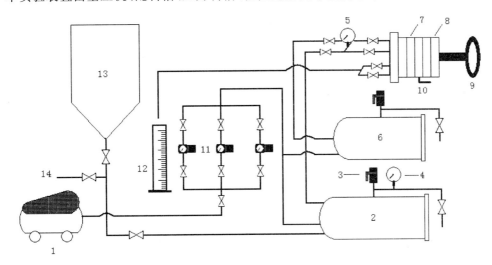

图 2-6　实验装置图

1—空气压缩机;2—压力灌;3—安全阀;4,5—压力表;6—清水罐;7—滤框;
8—滤板;9—手轮;10—通孔切换阀;11—调压阀;12—量筒;13—配料罐;14—地沟

实验流程：$CaCO_3$ 的悬浮液在配料桶内配制一定浓度后，利用压差送入压力料槽中，用压缩空气加以搅拌使 $CaCO_3$ 不致沉降，同时利用压缩空气的压力将滤浆送入板框压滤机过滤，滤液流入量筒计量，压缩空气从压力料槽上排空管中排出。

板框压滤机的结构尺寸：框厚度为 20 mm，每个框过滤面积为 0.017 7 m^2，框数为 2 个。

空气压缩机规格型号：风量为 0.06 m^3/min，最大气压为 0.8 MPa。

四、实验步骤与注意事项

1.实验准备

(1)配料

在配料罐内配制含 $10\% \sim 30\%$（质量分数）的 $CaCO_3$ 水悬浮液，$CaCO_3$ 固体事先由天平称重，水位高度按标尺示意，筒身直径为 35 mm。配制时，应将配料罐底部阀门关闭。

(2)搅拌

开启空压机，将压缩空气通入配料罐（空压机的出口小球阀保持半开，进入配料罐的两个阀门保持适当开度），使 $CaCO_3$ 悬浮液搅拌均匀。搅拌时，应将配料罐的顶盖合上。

(3)设定压力

分别打开进压力罐的三路阀门,通过空压机过来的压缩空气经各定值调节阀分别设定为 0.1 MPa,0.2 MPa 和 0.25 MPa(出厂已设定,实验时不需要再调压。若欲做 0.25 MPa 以上压力过滤,需调节压力罐安全阀)。设定定值调节阀时,压力罐泄压阀可略开。

(4)装板框

正确安装滤板、滤框及滤布。滤布使用前用水浸湿,滤布要绷紧,不能起皱。滤布紧贴滤板,密封垫贴紧滤布(注意:用螺旋压紧时,千万不要把手指压伤,先慢慢转动手轮使板框合上,然后再压紧)。

(5)灌清水

向清水罐通入自来水,液面达视镜 2/3 高度左右。灌清水时,应将安全阀处的泄压阀打开。

(6)灌料

在压力罐泄压阀打开的情况下,打开配料罐和压力罐间的进料阀门,使料浆自动由配料桶流入压力罐至其视镜 1/2～2/3 处,关闭进料阀门。

2.过滤过程

(1)鼓泡

通压缩空气至压力罐,使容器内料浆不断搅拌。压力料槽的排气阀应不断排气,但又不能喷浆。

(2)过滤

将中间双面板下通孔切换阀开到通孔通路状态。打开进板框前料液进口的两个阀门,打开出板框后清液出口球阀。此时,压力表指示过滤压力,清液出口流出滤液。

(3)实验过程

每次实验应将滤液从汇集管刚流出的时候作为开始时刻,每次 ΔV 取 800 mL 左右。记录相应的过滤时间 $\Delta \tau$。每个压力下,测量 8～10 个读数即可停止实验。若欲得到干而厚的滤饼,则应每个压力下做到没有清液流出为止。量筒交换接滤液时不要流失滤液,等量筒内滤液静止后读出 ΔV 值(注意:ΔV 约 800 mL 时替换量筒,这时量筒内滤液量并非正好 800 mL。要事先熟悉量筒刻度,不要打碎量筒)。此外,要熟练双秒表轮流读数的方法。

(4)注意事项

一个压力下的实验完成后,先打开泄压阀使压力罐泄压,卸下滤框、滤板、滤布进行清洗,清洗时滤布不要折。每次滤液及滤饼均收集在小桶内,滤饼弄碎后重新倒入料浆桶内搅拌配料,进入下一个压力实验。注意:若清水罐水不足,可补充一定水,补水时仍应打开该罐的泄压阀。

3.清洗过程

1)关闭板框过滤的进出阀门。将中间双面板下通孔切换阀开到通孔关闭状态(阀门手柄与滤板平行为过滤状态,垂直为清洗状态)。

2)打开清洗液进入板框的进出阀门(板框前两个进口阀,板框后一个出口阀)。此时,压力表指示清洗压力,清液出口流出清洗液。清洗液速度比同压力下过滤速度小很多。

3)清洗液流动约 1 min,可观察浑浊变化判断结束。一般物料可不进行清洗过程。结束清洗过程,也是关闭清洗液进出板框的阀门,关闭定值调节阀后进气阀门。

4.实验结束

1)先关闭空压机出口球阀,关闭空压机电源。

2)打开安全阀处泄压阀,使压力罐和清水罐泄压。

3)卸下滤框、滤板、滤布进行清洗,清洗时滤布不要折。

4)将压力罐内物料反压到配料罐内备下次使用,或将这两个罐里的物料直接排空后用清水冲洗。

五、实验数据记录

实验日期:_____　实验人员:_____　学　号:_____
环境温度:_____　环境湿度:_____　装置号:_____

实验数据记录见表2-5。

表 2-5　实验原始数据记录表

序号	操作压力 $\dfrac{}{m^3 \cdot h^{-1}}$	时间 $\dfrac{}{s}$	滤液量 $\dfrac{}{mL}$

过滤面积:_____ m²,滤液温度(实验开始前):_____ ℃,滤液温度(实验结束后):_____ ℃

六、实验报告

1)由恒压过滤实验数据求过滤常数 K,q_e,τ_e,附上计算示例。

2)比较几种压差下的 K,q_e,τ_e 值,讨论压差变化对以上参数数值的影响。

3)在直角坐标纸上绘制 $\lg K - \lg(\Delta p)$ 关系曲线,求出 s。

4)实验结果分析与讨论。

七、思考题

1)板框过滤机的优缺点是什么?它适用于什么场合?

2)板框压滤机的操作分哪几个阶段？

3)为什么过滤开始时,滤液常常有点浑浊,而过段时间后才变清?

4)影响过滤速率的主要因素有哪些? 在某一恒压下测得 K,q_e,τ_e 值后,若将过滤压强提高一倍,上述三个值将有何变化?

5)过滤常数 q_e 的物理意义是什么?

实验五　三相生物流化床实验

一、实验目的

1)通过循环流化气速 u_{mf}、流化操作气速 u_{gr}、最小操作气速 $u_{gr,min}$ 的测定,建立对内循环三相流化床反应器流态化过程的感性认识。

2)气含率的确定。

3)通过液体循环速度的测定,更深入地了解三相流态化的流动特性。

二、基本原理

1.生物流化床技术

生物流化床技术是 20 世纪 70 年代以来兴起的新型高效污水处理技术。其中的内循环三相生物流化床反应器是研究和使用比较广泛的一种。

气含率和液体循环速度是流化床反应器流体力学性能的两个重要参数,而传质特性主要通过体积氧传质系数来反映。反应器内混合强度及传质过程与液体循环速度及气含率有很大关系,反应器结构参数对液体循环速度与气含率及其分布有显著的影响。本实验主要从气含率、液体循环速度及体积氧传质系数来研究内循环三相生物流化床流体力学与传质特性,为放大设计与工程应用提供依据。

内循环三相生物流化床不另设充氧设备和脱膜设备,罩体表面的生物膜依靠气体的搅动作用,使颗粒之间激烈摩擦而脱落。本实验中液相介质为自来水,气相介质为空气。采用的载体为陶粒(一般可作为生物载体或催化剂载体,如果没有,可用物理性质近似的物质代替),其粒径为 0.18~0.45 mm,堆积密度为 730 kg/m³,表观密度在 1 400 kg/m³ 附近,粒状。

采用内循环三相流化床的原因:设备简单、操作容易,能耗比两相流化床低。

对于一给定的用于处理废水的内循环流化床反应器,在载体的性质和投加量被确定以后,气体成为该反应器启动的唯一动力。随着供给气量的从小到大,反应器内固体、液体由静止状态逐步过渡到完全流态化状态,气体也逐渐均匀分布到整个升流区和降流区,直至最终气、液、固三相处于完全混合状态。完全混合意味着能够为反应提供良好的传质条件。

2.循环流态化气速 u_{mf}、流化操作气速 u_{gr}、最小操作气速 $u_{gr,min}$

(1)起始流态化

当反应器的升流区发生固体颗粒沿着升流管壁面做整体向上的运动时,定义流化床处于起始流态化点。超过起始流态化点后,降流区底部的固体颗粒随着气体或液体流速的增加而大量进入升流区区域,形成流化床。此时对应的气速称为起始流态化气速 u_{mf}。

(2)循环流态化

在流化床状态操作时,大量液体在升流区和降流区之间形成循环,同时也可能会有小气泡随着液体的循环进入降流区,但颗粒尚未进入降流区。随着气体流速和液体流速的进一步增加,床层在升流管的膨胀高度增加。当床层的膨胀高度超过升流筒的高度,或液体流速超过颗粒在气液介质中的终端沉速时,固体颗粒被带入降流区,之后在降流区降落并经流化床底隙区返回升流筒。此时,反应器的流型称为循环流态化,相应的气速称为起始循环流态化气速。

(3)完全循环流态化

起始流态化气速下,底隙区仍然有颗粒堆积,进一步加大气速以减少底隙区颗粒的堆积量,直至全部颗粒在反应器内均匀分布。此时,反应器的流型称为完全循环流化床,相应的气速称为完全循环流态化气速。在完全循环流态化下,反应器内除颗粒全部循环外,降流区也充满大量的气泡。

由上文的定义可知,随着气体流速的增加,内循环流化床内载体的流态化过程历经固定床、起始流态化、循环流态化、完全循环流态化等 4 个阶段。在固定床状态,升流管可被看作是气-液泡沫柱,降流区液体处于静态。在从固定床转变为流化床或循环床时,固体分布界面十分明确。流化床和循环床的界限是由下列条件决定的:

$$u_L \geqslant u_t$$

式中:u_L——上升流速(即后文中的内循环速度),m/s;

u_t——沉速,m/s。

上升流速 u_L 高于颗粒的沉速 u_t 导致固体穿越降流管而形成循环。完全循环流态化是内循环流化床反应器的正常运行方式。

对内循环流化床反应器而言,升流管气体流速是控制反应器内载体流化程度的关键参数,对应于载体的不同流化状态,在实际运行中有如下三个重要的表观操作气速:循环流态化气速 u_{mf}、流化操作气速 u_{gr}、最小操作气速 $u_{gr,min}$。

1)循环流态化气速 u_{mf},指开始发生循环流态化时的气速,即实现载体由静置发生循环流化的最小气速。

2)流化操作气速 u_{gr},指维持内循环流化床内载体循环流化的气速。

3)最小操作气速 $u_{gr,min}$,指维持内循环流化床内载体循环的最小气速。

上述三种操作气速均指空塔气速,定义为相应条件下的供气量与升流管截面积 A_r 之比:

$$u_{mf} = Q_{mf}/A_r \tag{2-43}$$

$$u_{gr} = Q_{gr}/A_r \tag{2-44}$$

$$u_{gr,min} = Q_{gr,min}/A_r \tag{2-45}$$

3.气含率

气含率(持气率,Gas Holdup)是指空气在反应器中所占的体积分数,是反应器流体力学性能的重要参数之一。气含率可作为反映气相在反应器中的平均停留时间和气液传质系数的指示因子,对液体循环速度也有重要的影响进而影响反应器的混合特性。

气含率太低时会直接影响反应器的传质系数,气含率太高则会使反应器的利用率降低,有时还影响体系内微生物的生长代谢过程。

内循环流化床反应器的流体力学特性取决于升流区和降流区的密度差,即有效密度,而升流区和降流区的密度差又主要是由其中的气含率 ε_g 所决定的。ε_g 随空气流量 u_{gr} 的增大而增大,且 ε_g 与 u_{gr} 之间存在线性关系。

气含率测定方法以下两种:

1)在反应器(其容量为 V 中充满水并至溢流为止,在进行充分充气后,由于空气的导入,液面抬升,从而有部分水从反应器中排出,记录其排出量 V',则

$$\varepsilon_g = V'/V$$

2)反应中测量内筒压力,计算液含率,进而计算气含率。

液含率=实际液体高度 h'/静止液体高度 $h = \rho gh'/\rho gh = \Delta p'/\Delta p$

因此

气含率=1-液含率

4.液体循环速度

液体循环速度对反应器体系的气含率、流型、气液固传质系数及混合特性等方面有直接的影响,也是反映反应器流体力学性能的一个重要参数。

内循环速度是指液相在内循环流化床反应器升流管或降流管中流动的速度,是内循环流化床反应器设计和放大的一个重要参数,它直接影响到气体滞留量、传质系数和混合程度。液体内循环速度 u_L、循环时间 t_c 和混合时间 t_m 的测试可综合进行。

循环时间 t_c 是指流体在升流区和降流区之间循环一周所需要的时间;而混合时间 t_m 是指流体从进口到在反应器内达到一定混匀度所需要的时间,通常取混匀度 $I = 95\%$。

$$I = (c_0 - c)/c_0 \qquad (2-46)$$

式中:c_0——初始示踪剂浓度;

c——完全混合后的浓度。

一般而言,混合时间越少,说明混合程度越高,反应器的性能越好。

5.测定方法

采用电导法测定内循环流化床反应器的液体循环时间和混合时间。

实验方法如下:

在反应器内注入示踪剂 LiCl,通过电极测定 LiCl 参与气液循环后的浓度变化,并用电位差记录仪记录。示踪剂浓度呈现出周期性递减,两波峰之间的距离则对应着循环时间 t_c。t_m 可从记录图(见图 2-7)上直接读取。

液体循环速度,采用电导法求得循环时间 t_c,考虑到反应器的底隙区和顶部弯管部分,取升流管高度 H_r 的两倍作为液体循环一周的距离,则

$$u_L = 2H_r/t_c$$

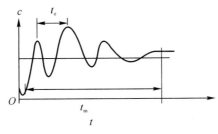

图 2-7 脉冲法测定循环时间和混合时间示意图

三、实验装置与流程

实验装置如图 2-8 所示。

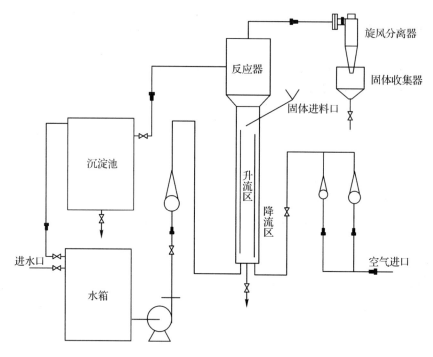

图 2-8   实验装置图

实验流程：固体物料从反应器上加入，开始实验时，水泵将水由水箱经转子流量计从反应器底部进入，从空压机来的空气经转子流量计（有两个，分为大小量程）从反应器底部经分布器进入，提供动力，使气液流态化，此过程中进行传质，杂质漂浮在上层，经溢流管到沉淀池，其中的清液到水箱进行再循环，固体经阀门排空。少量的气固颗粒经旋风分离器分离后，固体收集到固体收集器，气体放空。

四、实验步骤与注意事项

1）熟悉流程，做好实验前的准备工作。先将一定量的载体（固体颗粒，20～100 g/L 均可）投入反应器，之后注满自来水，并以 500 L/h 左右的流量进水，保证塔内充满水即可。开启空气阀门，逐步提高气量，载体部分流化直至完全流化。记录 p_1～p_8（测压点，左边从上到下依次为外筒压力 1～3 和内筒最底下侧压点，右边从上到下依次为内筒的 2～5 测压点）与 u_0 的关系，称为上行线，并读出循环流态化气速 u_{mf}、流化操作气速 u_{gr}、最小操作气速 $u_{gr,min}$。逐步降低气量，直至最后静止，记录 p_1～p_8 与 u_0 的关系，称为下行线。

2）步骤同 1），记录压力，利用压差计算液含率，气含率＝1－液含率，计算气含率。

3）在反应器内注入示踪剂 LiCl，通过电极测定 LiCl 参与气液循环后的浓度变化，并用电位差记录仪记录。示踪剂浓度呈现出周期性递减，两波峰之间的距离则对应着循环时间 t_c。t_m 可从记录图上直接读取（见图 2-7）。

液体循环速度:采用电导法求得循环时间 t_c,考虑到反应器的底隙区和顶部弯管部分,取升流管高度 H_r 的两倍作为液体循环一周的距离,则 $u_L=2H_r/t_c$。

五、实验数据记录

实验日期:＿＿＿＿＿＿＿＿ 实验人员:＿＿＿＿＿＿＿＿ 学　号:＿＿＿＿＿＿＿＿

环境温度:＿＿＿＿＿＿＿＿ 环境湿度:＿＿＿＿＿＿＿＿ 装置号:＿＿＿＿＿＿＿＿

实验数据记录见表 2－6 和表 2－7。

表 2－6　流态化原始数据记录表

序号	空气流量 单位:	测压点	压力 单位:	现象

循环流态化气速 u_{mf}:＿＿＿＿＿＿＿,流化操作气速 u_{gr}:＿＿＿＿＿＿＿

最小操作气速 $u_{gr,min}$:＿＿＿＿＿＿＿

水温(实验开始前):＿＿＿＿＿＿℃,转子流量计处空气温度(实验开始前):＿＿＿＿＿＿℃

水温(实验结束后):＿＿＿＿＿＿℃,转子流量计空气温度(实验结束后):＿＿＿＿＿＿℃

反应器升流区直径:＿＿＿＿＿＿mm,流化床反应器直径:＿＿＿＿＿＿mm

表 2－7　液体循环时间和混合时间原始数据记录表

序号	空气流量 单位:	测压点	压力 单位:	示踪剂浓度 单位:

序号	空气流量 单位：	测压点	压力 单位：	示踪剂浓度 单位：

水温（实验开始前）：_____℃，转子流量计处空气温度（实验开始前）：_____℃

水温（实验结束后）：_____℃，转子流量计处空气温度（实验结束后）：_____℃

六、数据处理

1)作 $p_5 \sim p_8 - Q$ 图，求得循环流态化气速 u_{mf}、流化操作气速 u_{gr}、最小操作气速 $u_{gr,min}$，附上计算示例。

2)计算 ε_g，附上计算示例。

3)计算 $u_L = 2H_r / t_c$。

4)对实验结果进行分析讨论。

七、思考题

1)什么是流态化技术？流态化技术主要应用领域有哪些？

2)什么是散式流化？什么是聚式流化？二者有什么异同？

3)什么流化床？流化床主要分为哪些？其优缺点是什么？

4)上行线与下行线有什么不同？

5)实验误差来源有哪些？

实验六　空气-蒸汽对流给热系数的测定

一、实验目的

1)了解间壁式传热元件,掌握给热系数测定的实验方法。

2)了解热电阻测温的方法,观察蒸汽在水平管外壁上的冷凝现象。

3)掌握给热系数测定的实验数据处理方法,了解影响给热系数的因素和强化传热的途径。

二、基本原理

在工业生产过程中,大量情况下,冷、热流体系通过固体壁面(传热元件)进行热量交换,称为间壁式传热。如图 2-9 所示,间壁式传热过程由热流体对固体壁面的对流传热、固体壁面的热传导和固体壁面对冷流体的对流传热所组成。

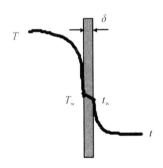

图 2-9　间壁式传热过程示意图

达到传热稳定时,有

$$\begin{aligned}
Q &= m_1 c_{p1}(T_1 - T_2) = m_2 c_{p2}(t_2 - t_1) \\
&= \alpha_1 A_1 (T - T_w)_m = \alpha_2 A_2 (t_w - t)_m \\
&= K A \Delta t_m
\end{aligned} \tag{2-47}$$

式中：　Q——传热量,J / s;

　　　　m_1——热流体的质量流率,kg / s;

　　　　c_{p1}——热流体的比热,J /（kg · ℃）;

　　　　T_1——热流体的进口温度,℃;

　　　　T_2——热流体的出口温度,℃;

　　　　m_2——冷流体的质量流率,kg / s;

c_{p2}——冷流体的比热,J / (kg · ℃);

t_1——冷流体的进口温度,℃;

t_2——冷流体的出口温度,℃;

α_1——热流体与固体壁面的对流传热系数,W / (m² · ℃);

A_1——热流体侧的对流传热面积,m²;

$(T-T_w)_m$——热流体与固体壁面的对数平均温差,℃;

α_2——冷流体与固体壁面的对流传热系数,W / (m² · ℃);

A_2——冷流体侧的对流传热面积,m²;

$(t_w-t)_m$——固体壁面与冷流体的对数平均温差,℃;

K——以传热面积 A 为基准的总给热系数,W / (m² · ℃);

Δt_m——冷热流体的对数平均温差,℃。

热流体与固体壁面的对数平均温差可由下式计算:

$$(T - T_w)_m = \frac{(T_1 - T_{w1}) - (T_2 - T_{w2})}{\ln \dfrac{T_1 - T_{w1}}{T_2 - T_{w2}}} \qquad (2-48)$$

式中:T_{w1}——热流体进口处热流体侧的壁面温度,℃;

T_{w2}——热流体出口处热流体侧的壁面温度,℃。

固体壁面与冷流体的对数平均温差可由下式计算:

$$(t_w - t)_m = \frac{(t_{w1} - t_1) - (t_{w2} - t_2)}{\ln \dfrac{t_{w1} - t_1}{t_{w2} - t_2}} \qquad (2-49)$$

式中:t_{w1}——冷流体进口处冷流体侧的壁面温度,℃;

t_{w2}——冷流体出口处冷流体侧的壁面温度,℃。

热、冷流体间的对数平均温差可由下式计算:

$$\Delta t_m = \frac{(T_1 - t_2) - (T_2 - t_1)}{\ln \dfrac{T_1 - t_2}{T_2 - t_1}} \qquad (2-50)$$

当在套管式间壁换热器中,环隙通以蒸汽,内管管内通以冷空气或水进行对流传热系数测定实验时,则由式(2-47)得内管内壁面与冷空气或水的对流传热系数:

$$\alpha_2 = \frac{m_2 c_{p2} (t_2 - t_1)}{A_2 (t_w - t)_m} \qquad (2-51)$$

实验中测定紫铜管的壁温 t_{w1},t_{w2};冷空气或水的进出口温度 t_1,t_2;实验用紫铜管的长度 l、内径 d_2,$A_2 = \pi d_2 l$ 和冷流体的质量流量,即可计算 α_2。

然而,直接测量固体壁面的温度,尤其管内壁的温度,实验技术难度大,而且所测得的数据准确性差,带来较大的实验误差。因此,通过测量相对较易测定的冷热流体温度来间接推算流体与固体壁面间的对流给热系数就成为人们广泛采用的一种实验研究手段。

由式(2-47)得

$$K = \frac{m_2 c_{p2} (t_2 - t_1)}{A \Delta t_m} \qquad (2-52)$$

实验测定 m_2, t_1, t_2, T_1, T_2，并查取 $t_{平均} = \dfrac{1}{2}(t_1 + t_2)$ 下冷流体对应的 c_{p2}、换热面积 A，即可由上式计算出总给热系数 K。

1.用近似法求算对流给热系数 α_2

以管内壁面积为基准的总给热系数与对流给热系数间的关系为

$$\frac{1}{K} = \frac{1}{\alpha_2} + R_{S2} + \frac{bd_2}{\lambda d_m} + R_{S1}\frac{d_2}{d_1} + \frac{d_2}{\alpha_1 d_1} \qquad (2-53)$$

式中：d_1——换热管外径，m；

　　d_2——换热管内径，m；

　　d_m——换热管的对数平均直径，m；

　　b——换热管的壁厚，m；

　　λ——换热管材料的导热系数，W/(m·℃)；

　　R_{S1}——换热管外侧的污垢热阻，(m^2·K)/W；

　　R_{S2}——换热管内侧的污垢热阻，(m^2·K)/W。

用本装置进行实验时，管内冷流体与管壁间的对流给热系数约为几十到几百 W/(m^2·K)；而管外为蒸汽冷凝，冷凝给热系数 α_1 可达 10^4 W/(m^2·K)左右，因此冷凝传热热阻 $\dfrac{d_2}{\alpha_1 d_1}$ 可忽略，同时蒸汽冷凝较为清洁，因此换热管外侧的污垢热阻 $R_{S1}\dfrac{d_2}{d_1}$ 也可忽略。实验中的传热元件材料采用紫铜，导热系数为 383.8 W/(m·K)，壁厚为 2.5 mm，因此换热管壁的导热热阻 $\dfrac{bd_2}{\lambda d_m}$ 可忽略。若换热管内侧的污垢热阻 R_{S2} 也忽略不计，则由式(2-53)得

$$\alpha_2 \approx K$$

由此可见，被忽略的传热热阻与冷流体侧对流传热热阻相比越小，此法所得的准确性就越高。

2.用传热准数式求算对流给热系数 α_2

流体在圆形直管内作强制湍流对流传热时，若符合如下范围内：$Re = 1.0 \times 10^4 \sim 1.2 \times 10^5$，$Pr = 0.7 \sim 120$ 时，管长与管内径之比 $l/d = 30 \sim 40$，则传热准数经验式为

$$Nu = 0.023 Re^{0.8} Pr^n \qquad (2-54)$$

式中：Nu—— 努塞尔数，$Nu = \dfrac{\alpha d}{\lambda}$，无因次；

　　Re—— 雷诺数，$Re = \dfrac{du\rho}{\mu}$，无因次；

　　Pr—— 普兰特数，$Pr = \dfrac{cp\mu}{\lambda}$，无因次；

　　n—— 常数，当流体被加热时 $n = 0.4$，流体被冷却时 $n = 0.3$；

　　α—— 流体与固体壁面的对流传热系数，W/(m^2·℃)；

　　d—— 换热管内径，m；

　　λ—— 流体的导热系数，W/(m·℃)；

u——流体在管内流动的平均速度,m/s;

ρ——流体的密度,kg/m³;

μ——流体的黏度,Pa·s;

c_p——流体的比热,J/(kg·℃)。

水或空气在管内强制对流被加热时,可将式(2-54)改写为

$$\frac{1}{\alpha_2}=\frac{1}{0.023}\times\left(\frac{\pi}{4}\right)^{0.8}\times d_2^{1.8}\times\frac{1}{\lambda_2 Pr_2^{0.4}}\times\left(\frac{\mu_2}{m_2}\right)^{0.8} \qquad (2-55)$$

令

$$m=\frac{1}{0.023}\times\left(\frac{\pi}{4}\right)^{0.8}\times d_2^{1.8} \qquad (2-56)$$

$$x=\frac{1}{\lambda_2 Pr_2^{0.4}}\times\left(\frac{\mu_2}{m_2}\right)^{0.8} \qquad (2-57)$$

$$y=\frac{1}{K} \qquad (2-58)$$

$$C=R_{S2}+\frac{bd_2}{\lambda d_m}+R_{S1}\frac{d_2}{d_1}+\frac{d_2}{\alpha_1 d_1} \qquad (2-59)$$

结合式(2-56)、式(2-57)、式(2-58)、式(2-59),则式(2-53)可写为

$$y=mx+C \qquad (2-60)$$

当测定管内不同流量下的对流给热系数时,由式(2-59)计算所得的C值为一常数。管内径d_2一定时,m也为常数。因此,实验时测定不同流量所对应的t_1,t_2,T_1,T_2,由式(2-50)、式(2-52)、式(2-57)、式(2-58)求取一系列x,y值,再在x-y图上作图或将所得的x,y值回归成一直线,该直线的斜率即为m。任一冷流体流量下的给热系数α_2可用下式求得:

$$\alpha_2=\frac{\lambda_2 Pr_2^{0.4}}{m}\times\left(\frac{m_2}{\mu_2}\right)^{0.8} \qquad (2-61)$$

3.冷流体质量流量的测定

1)若用转子流量计测定冷空气的流量,还须用下式换算得到实际的流量:

$$V'=V\sqrt{\frac{\rho(\rho_f-\rho')}{\rho'(\rho_f-\rho)}} \qquad (2-62)$$

式中:V'——实际被测流体的体积流量,m³/s;

ρ'——实际被测流体的密度,kg/m³,均可取$t_{平均}=\frac{1}{2}(t_1+t_2)$下对应水或空气的密度,见冷流体物理性质与温度的关系式;

V——标定用流体的体积流量,m³/s;

ρ——标定用流体的密度,kg/m³,对水$\rho=1\,000$ kg/m³,对空气$\rho=1.205$ kg/m³;

ρ_f——转子材料密度,kg/m³。

于是:

$$m_2=V'\rho' \qquad (2-63)$$

2)若用孔板流量计测冷流体的流量,则

$$m_2=V\rho \qquad (2-64)$$

式中:V ——冷流体进口处流量计读数,m^3/s;

ρ ——冷流体进口温度下对应的密度,kg/m^3。

4.冷流体物理性质与温度的关系式

在 0~100℃之间,冷流体的物理性质与温度的关系有如下拟合公式。

1)空气的密度与温度的关系式:

$$\rho = 10^{-5}t^2 - 4.5 \times 10^{-3}t + 1.291\ 6 \qquad (2-65)$$

2)空气的比热与温度的关系式:

$$c_p = \begin{cases} 1\ 005\ \text{J}/(\text{kg} \cdot ℃), & 60℃\text{以下} \\ 1\ 009\ \text{J}/(\text{kg} \cdot ℃), & 70℃\text{以上} \end{cases}$$

3)空气的导热系数与温度的关系式:

$$\lambda = -2 \times 10^{-8}t^2 + 8 \times 10^{-5}t + 0.024\ 4 \qquad (2-66)$$

4)空气的黏度与温度的关系式:

$$\mu = (-2 \times 10^{-6}t^2 + 5 \times 10^{-3}t + 1.716\ 9) \times 10^{-5} \qquad (2-67)$$

三、实验装置与流程

1.实验装置

实验装置如图 2-10 所示。

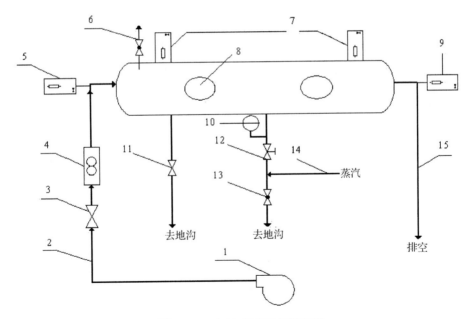

图 2-10　空气-蒸汽换热流程图

1—风机;2—冷流体管路;3—冷流体进口调节阀;4—转子流量计;5—冷流体进口温度;
6—不凝性气体排空阀;7—蒸汽温度;8—视镜;9—冷流体出口温度;10—压力表;
11—水汽排空阀;12—蒸汽进口阀;13—冷凝水排空阀;14—蒸汽进口管路;15—冷流体出口管路

2.实验流程

来自蒸汽发生器的蒸汽进入不锈钢套管换热器环隙,与来自风机的空气在套管换热器内进行热交换,冷凝水经阀门排入地沟。冷空气经孔板流量计或转子流量计进入套管换热器内管(紫铜管),热交换后排出装置外。

3.设备与仪表规格

1)紫铜管规格:直径 $\Phi21$ mm×2.5 mm,长度 $L=1\ 000$ mm。

2)外套不锈钢管规格:直径 $\Phi100$ mm×5 mm,长度 $L=1\ 000$ mm。

4)铂热电阻及无纸记录仪温度显示。

5)全自动蒸汽发生器及蒸汽压力表。

四、实验步骤与注意事项

1.实验步骤

1)打开控制面板上的总电源开关,打开仪表电源开关,使仪表通电预热,观察仪表显示是否正常。

2)在蒸汽发生器中灌装清水,开启发生器电源,水泵会自动将水送入锅炉,灌满后会转入加热状态。到达符合条件的蒸气压力后,系统会自动处于保温状态。

3)打开控制面板上的风机电源开关,让风机工作,同时打开冷流体进口阀,让套管换热器里充有一定量的空气。

4)打开冷凝水出口阀,排出上次实验余留的冷凝水,在整个实验过程中也保持一定开度。注意开度适中,开度太大会使换热器中的蒸汽跑掉,开度太小会使换热不锈钢管里的蒸气压力过大而导致不锈钢管炸裂。

5)在通蒸汽前,也应将蒸汽发生器到实验装置之间管道中的冷凝水排除,否则夹带冷凝水的蒸汽会损坏压力表及压力变送器。具体排除冷凝水的方法是:关闭蒸汽进口阀门,打开装置下面的排冷凝水阀门,让蒸气压力把管道中的冷凝水带走,当听到蒸汽响时关闭冷凝水排除阀时,方可进行下一步实验。

6)开始通入蒸汽时,要仔细调节蒸汽阀的开度,让蒸汽徐徐流入换热器中,逐渐充满系统中,使系统由"冷态"转变为"热态",不得少于 10 min,防止不锈钢管换热器因突然受热、受压而爆裂。

7)上述准备工作结束,系统也处于"热态"后,调节蒸汽进口阀,使蒸汽进口压力维持在 0.01 MPa,可通过调节蒸汽发生器出口阀及蒸汽进口阀开度来实现。

8)通过调节冷空气进口阀来改变冷空气流量,在每个流量条件下,均须待热交换过程稳定后方可记录实验数值,一般每个流量下至少应使热交换过程保持 5 min 方为视为稳定;改变流量,记录不同流量下的实验数值。

9)记录 6~8 组实验数据,可结束实验。先关闭蒸汽发生器,关闭蒸汽进口阀,关闭仪表电源,待系统逐渐冷却后关闭风机电源,待冷凝水流尽,关闭冷凝水出口阀,关闭总电源。

10)待蒸汽发生器为常压后,将锅炉中的水排尽。

2.注意事项

1)先打开水汽排空阀,注意只开一定的开度,开度太大会使换热器里的蒸汽跑掉,开度太小会使换热不锈钢管里的蒸气压力增大而使不锈钢管炸裂。

2)一定要在套管换热器内管输以一定量的空气后,方可开启蒸汽阀门,且必须在排除蒸汽管线上原先积存的凝结水后,方可把蒸汽通入套管换热器中。

3)刚开始通入蒸汽时,要仔细调节蒸汽进口阀的开度,让蒸汽徐徐流入换热器中,逐渐加热,由"冷态"转变为"热态",不得少于 10 min,以防止不锈钢管因突然受热、受压而爆裂。

4)操作过程中,蒸气压力一般控制在 0.02 MPa(表压)以下,否则可能造成不锈钢管爆裂。

5)确定各参数时,必须是在稳定传热状态下,随时注意蒸汽量的调节和压力表读数的调整。

五、实验数据记录

实验日期:＿＿＿＿＿＿＿＿　实验人员:＿＿＿＿＿＿＿＿　学　号:＿＿＿＿＿＿＿＿

环境温度:＿＿＿＿＿＿＿＿　环境湿度:＿＿＿＿＿＿＿＿　装置号:＿＿＿＿＿＿＿＿

实验数据记录见表 2-8。

表 2-8　组成数据记录表

序号	空气流量 m³·h⁻¹	空气进口温度 ℃	空气出口温度 ℃	空气进口侧蒸汽温度 ℃	空气出口侧蒸汽温度 ℃	蒸气压力 Pa
1						
2						
3						
4						
5						
6						
7						
8						
9						
10						

六、实验报告

1)计算冷流体给热系数的实验值,附上计算示例。

2)冷流体给热系数的准数式: $Nu/Pr^{0.4} = A \cdot Re^m$,由实验数据作图拟合曲线方程确定式中常数 A 及 m,附上计算示例。

3)以 $\ln(Nu/Pr^{0.4})$ 为纵坐标,$\ln Re$ 为横坐标,将处理实验数据的结果标绘在图上,并与教材中的经验式 $Nu/Pr^{0.4} = 0.023Re^{0.8}$ 比较。

4)对实验结果进行分析讨论。

七、思考题

1)管壳式换热器的主要结构有哪些? 它可分为哪些类型?

2)在计算空气质量流量时所用到的密度值与求雷诺数时的密度值是否一致? 它们分别表

示什么位置的密度？应在什么条件下进行计算？

3)实验过程中,冷凝水不及时排走,会产生什么影响？如何及时排走冷凝水？如果采用不同压强的蒸汽进行实验,对给热系数 α 关联式有何影响？

4)增加蒸气压力,总传热系数 K 如何改变？增加空气流速,总传热系数 K 如何改变？

5)实验中冷流体和蒸汽的流向,对传热效果有何影响？

实验七　填料塔流体动力学实验

一、实验目的

1)了解填料吸收塔的构造。
2)测定填料塔的流体力学性能。

二、基本原理

填料的作用是增大气、液两相的接触面积。气、液两相在塔内逆向流动,因阻力损失,气流保持一定的流速,沿程必产生一定的压降。干塔时,可测得 $\Delta p/z - u$ 之关系并在双对数坐标纸上绘图,可得一直线,斜率为1.8~2。当塔内有一定的喷淋量时,可测得 $\Delta p/z - u$ 之关系并在双对数坐标纸上绘图,得三条相交的直线,其拐点分别为载点和泛点,对应的气速为载点和泛点气速,液泛气速在塔的设计和操作中起重要作用。

三、实验装置与流程

1.实验装置

实验装置流程如图 2-11 所示。

2.实验流程

由自来水源来的水送入填料塔塔顶经喷头喷淋在填料顶层。由风机送来的空气和由二氧化碳钢瓶来的二氧化碳混合后,一起进入气体混合罐,然后再进入塔底,与水在塔内进行逆流接触,进行质量和热量的交换,由塔顶出来的尾气放空。由于本实验为低浓度气体的吸收,所以热量交换可略,整个实验过程看成是等温操作。

3.主要设备

1)吸收塔:高效填料塔,塔径为 100 mm,塔内装有金属丝网波纹规整填料或 θ 环散装填料,填料层总高度 2 000 mm。塔顶有液体初始分布器,塔中部有液体再分布器,塔底部有栅板式填料支承装置。填料塔底部有液封装置,以避免气体泄漏。

2)填料规格和特性:金属丝网波纹规整填料;型号 JWB-700Y,规格为 $\Phi100$ mm×100 mm,比表面积 700 m^2/m^3。

3)转子流量计:实验装置所有转子流量计的参数见表 2-9。

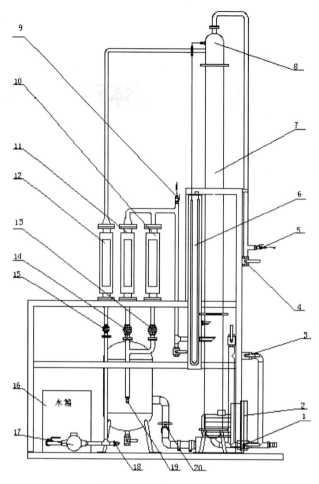

图 2-11 实验装置图

1—液体出口阀 1;2—风机;3—液体出口阀 2;4—气体出口阀;5—出塔气体取样口;6—U 形压差计;
7—填料层;8—塔顶预分离器;9—进塔气体取样口;10—气体小流量玻璃转子流量计(0.4～4 m³/h);
11—气体大流量玻璃转子流量计(2.5～25 m³/h);12—液体玻璃转子流量计(100～1 000 L/h);
13—气体进口闸阀 V1;14—气体进口闸阀 V2;;15—液体进口闸阀 V3;16—水箱;17—水泵;
18—液体进口温度检测点;19—混合气体温度检测点;20—风机旁路阀

表 2-9 转子流量计参数表

介质	条件			
	常用流量	最小刻度	标定介质	标定条件
空气	4m³/h	0.5 m³/h	空气	20℃ 1.013 3×10⁵ Pa
CO₂	2L/min	0.2 L/min	CO₂	20℃ 1.013 3×10⁵ Pa
水	600L/h	20 L/h	水	20℃ 1.013 3×10⁵ Pa

在本实验中提供了两种不同量程的玻璃转子流量计,使得气体的流量测量范围变大,实验更加准确。

4)风机。

四、实验步骤与注意事项

1.实验步骤

(1)测量干填料层 $\Delta p / z - u$ 关系曲线

1)熟悉实验流程及其配套仪器结构、原理、使用方法及其注意事项;

2)打开混合罐底部排空阀,排放掉空气混合贮罐中的冷凝水;

3)打开仪表电源开关及空气压缩机电源开关,进行仪表自检;

4)先全开放空阀,后启动风机,用放空阀调节空气进塔流量。

5)按空气流量从小到大读取填料层压降,在每一流量下,测定当时空气温度,后在对数坐标纸以空塔气速 u 为横坐标,以单位高度的压降 $\Delta p / z$ 为纵坐标,描绘干填料层的 $\Delta p / z - u$ 关系曲线。

(2)测量某喷淋量下 $\Delta p / z - u$ 关系曲线

1)熟悉实验流程及其配套仪器结构、原理、使用方法及其注意事项;

2)打开混合罐底部排空阀,排放掉空气混合贮罐中的冷凝水;

3)打开仪表电源开关及空气压缩机电源开关,进行仪表自检;

4)开启进水阀门,让水进入填料塔润湿填料,仔细调节液体转子流量计,使其流量稳定在某一实验值(塔底液封控制:仔细调节液体出口阀的开度,使塔底液位缓慢地在一段区间内变化,以免塔底液封过高溢满或过低而泄气);

5)先全开放空阀,后启动风机,用放空阀调节空气进塔流量;

6)按空气流量从小到大读取填料层压降,在每一流量下,测定当时空气温度,后在对数坐标纸以空塔气速 u 为横坐标,以单位高度的压降 $\Delta p / z$ 为纵坐标,描绘干填料层的 $\Delta p / z - u$ 关系曲线;

7)调节水转子流量计出口阀,使液体流量保持在某一定值,用与实验步骤(1)相同的方法读取填料层压降 Δp、空气流量、空气温度,并观察塔内的操作现象,若看到液泛现象时记下对应的空气转子流量计读数,在对数坐标纸上绘出对应液体喷淋量下的 $\Delta p / z - u$ 关系曲线,确定液泛气速并与观察的液泛气速相比较。

2.注意事项

1)固定好操作点后,应随时注意调整以保持各量不变。

2)在填料塔操作条件改变后,需要有较长的稳定时间,一定要等到稳定以后方能读取有关数据。

3)空气流量调节时,因流量调节为旁路调节,在风机打开前,一定使旁路调节阀处于全开位置,否则,打开风机后,流入转子流量计中的风量过大,会导致转子骤升打碎玻璃刻度管,且有可能伤及他人。

3.流量计校正

由风机输送的空气,因风机做功,温度上升,不等于流量计的标示温度 $20℃$,为此必须进行流量校正。校正方法为

$$\frac{q_v \text{实际值}}{q_v \text{读数值}} = \frac{(\rho_{\text{转}} - \rho_2)\rho_1}{(\rho_{\text{转}} - \rho_1)\rho_2} \qquad (2-68)$$

式中:ρ_1——转子流量计标刻温度所对应的空气密度;

ρ_2——实验时转子流量计上方温度计测量值所对应的空气密度。

五、实验数据记录

实验日期:＿＿＿＿＿＿＿＿　实验人员:＿＿＿＿＿＿＿＿　学　号:＿＿＿＿＿＿＿＿

环境温度:＿＿＿＿＿＿＿＿　环境湿度:＿＿＿＿＿＿＿＿　装置号:＿＿＿＿＿＿＿＿

实验数据记录见表 2-10 和表 2-11。

表 2-10　干塔动力学数据记录表

序号	填料层压降 mmH$_2$O	空气流量 m^3·h^{-1}	空气温度 ℃
1			
2			
3			
4			
5			
6			
7			
8			
9			
10			

表 2-11　湿塔动力学数据记录表

序号	填料层压降 mmH$_2$O	空气流量 m^3·h^{-1}	空气温度 ℃	水流量 L·h^{-1}	水温 ℃	塔内操作现象
1						
2						
3						
4						
5						
6						
7						
8						
9						
10						

六、实验报告

1）将原始数据列表。

2）在双对数坐标纸上绘图表示 $\Delta p/z - u$ 关系。

3）列出实验结果与计算示例。

4）对实验结果进行分析讨论。

七、思考题

1）常用的填料有哪些？

2）填料特性一般由哪些特征数字表示？

3）什么是载点？什么是泛点？

4）测定填料塔的空塔动力学以及湿塔动力学有什么意义？

5）从 $\Delta p/z - u$ 关系曲线中确定出液泛气速与实际观测的结果是否符合？为什么？

实验八　填料塔吸收传质系数的测定

一、实验目的

1)了解填料塔吸收装置的基本结构及流程。

2)掌握总体积传质系数的测定方法。

3)了解填料塔吸收塔的操作方法。

二、基本原理

气体吸收是典型的传质过程之一。由于 CO_2 气体无味、无毒、廉价,所以气体吸收实验常选用 CO_2 作为溶质组分。本实验采用水吸收空气中的 CO_2 组分。一般 CO_2 在水中的溶解度很小,即使预先将一定量的 CO_2 气体通入空气中混合以提高空气中的 CO_2 浓度,水中的 CO_2 含量仍然很低,所以吸收的计算方法可按低浓度来处理,并且此体系 CO_2 气体的解吸过程属于液膜控制。因此,本实验主要测定 $K_x a$ 和 H_{OL}。

1.计算公式

填料层高度 H 为

$$H = \int_0^Z \mathrm{d}Z = \frac{L}{K_x a} \int_{x_2}^{x_1} \frac{\mathrm{d}x}{x - x^*} = H_{OL} \cdot N_{OL} \qquad (2-69)$$

式中:L——液体通过塔截面的摩尔流量,$kmol / (m^2 \cdot s)$;

　　　$K_x a$——以 ΔX 为推动力的液相总体积传质系数,$kmol / (m^3 \cdot s)$;

　　　H_{OL}——液相总传质单元高度,m;

　　　N_{OL}——液相总传质单元数,无因次。

传质单元数可由吸收因数法计算:

$$N_{OL} = \frac{1}{1-A} \ln\left[(1-A)\frac{y_1 - mx_2}{y_1 - mx_1} + A\right] \qquad (2-70)$$

式中:$A = L/(mG)$——吸收因数,无因次,L 为液相流量 $kmol / (m^2 \cdot s)$,G 为气相流量 $kmol / (m^2 \cdot s)$;

　　　y_1——塔底气相组成;

　　　x_1——塔底液相组成;

　　　x_2——塔顶液相组成。

由式(2-69)和式(2-70),可计算液相总传质单元高度 H_{OL},以及计算液相总体积传质系数 $K_x a$。

2.测定方法

1)空气流量和水流量的测定。本实验采用转子流量计测得空气和水的流量,并根据实验条件(温度和压力)和有关公式换算成空气和水的摩尔流量。

2)测定填料层高度 H 和塔径 D。

3)测定塔顶和塔底气相组成 y_1 和 y_2。

4)平衡关系。

本实验的平衡关系可写成

$$y = mx \qquad\qquad (2-71)$$

式中:m——相平衡常数,$m = E/p$;

$\qquad E$——亨利系数,$E = f(t)$,Pa,根据液相温度由附录查得;

$\qquad p$——总压,Pa,取 101 325 Pa。

对清水而言,$x_2 = 0$,由全塔物料衡算:

$$G(y_1 - y_2) = L(x_1 - x_2)$$

可得 x_1。

三、实验装置与流程

1.实验装置

实验装置如图 2-12 所示。

2.实验流程

由自来水源来的水送入填料塔塔顶经喷头喷淋在填料顶层。由风机送来的空气和由二氧化碳钢瓶来的二氧化碳混合后,一起进入气体混合罐,然后再进入塔底,与水在塔内进行逆流接触,进行质量和热量的交换,由塔顶出来的尾气放空,由于本实验为低浓度气体的吸收,所以热量交换可略,整个实验过程看成是等温操作。

3.主要设备

1)吸收塔:高效填料塔,塔径为 100 mm,塔内装有金属丝网波纹规整填料或 θ 环散装填料,填料层总高度为 2 000 mm。塔顶有液体初始分布器,塔中部有液体再分布器,塔底部有栅板式填料支承装置。填料塔底部有液封装置,以避免气体泄漏。

2)填料规格和特性:金属丝网波纹规整填料;型号 JWB-700Y,规格为 $\Phi100$ mm$\times$100 mm,比表面积为 700 m^2/m^3。

3)转子流量计:实验装置所有转子流量计的参数见表 2-12。

表 2-12 实验装置参数表

介质	条件			
	常用流量	最小刻度	标定介质	标定条件
空气	4m^3/h	0.5 m^3/h	空气	20℃,1.013 3$\times10^5$ Pa
CO$_2$	2L/min	0.2 L/min	CO$_2$	20℃,1.013 3$\times10^5$ Pa
水	600L/h	20 L/h	水	20℃,1.013 3$\times10^5$ Pa

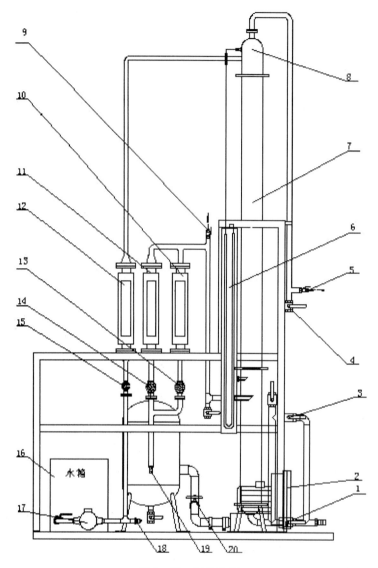

图 2-12 实验装置

1—液体出口阀 1;2—风机;3—液体出口阀 2;4—气体出口阀;5—出塔气体取样口;6—U 形压差计;
7—填料层;8—塔顶预分离器;9—进塔气体取样口;10—气体小流量玻璃转子流量计(0.4~4 m³/h);
11—气体大流量玻璃转子流量计(2.5~25 m³/h);12—液体玻璃转子流量计(100~1 000 L/h);
13—气体进口闸阀 V1;14—气体进口闸阀 V2;15—液体进口闸阀 V3;16—水箱;17—水泵;
18—液体进口温度检测点;19—混合气体温度检测点;20—风机旁路阀

　　在本实验中提供了两种不同量程的玻璃转子流量计,使得气体的流量测量范围变大,实验更加准确。

　　4)风机。

　　5)二氧化碳钢瓶。

　　6)便携式二氧化碳分析仪。

四、实验步骤与注意事项

1.实验步骤

1)熟悉实验流程及其配套仪器结构、原理、使用方法及其注意事项;

2)打开混合罐底部排空阀,排放掉空气混合贮罐中的冷凝水;

3)打开仪表电源开关及空气压缩机电源开关,进行仪表自检;

4)开启进水阀门,让水进入填料塔润湿填料,仔细调节液体转子流量计,使其流量稳定在某一实验值(塔底液封控制:仔细调节液体出口阀的开度,使塔底液位缓慢地在一段区间内变化,以免塔底液封过高溢满或过低而泄气);

5)启动风机,打开 CO_2 钢瓶总阀,并缓慢调节钢瓶的减压阀;

6)仔细调节风机旁路阀门的开度(并调节 CO_2 调节转子流量计的流量,使其稳定在某一值;建议气体流量 3～5 m^3/h,液体流量 0.6～0.8 m^3/h,CO_2 流量 2～3 L/min);

7)待塔操作稳定后,读取各流量计的读数及通过温度、压差计、压力表上读取各温度、塔顶塔底压差读数,分析出塔顶、塔底气体组成;

8)实验完毕,关闭 CO_2 钢瓶和转子流量计、水转子流量计、风机出口阀门,再关闭进水阀门,及风机电源开关(实验完成后,一般先停止水的流量再停止气体的流量,这样做的目的是为了防止液体从进气口倒压破坏管路及仪器),清理实验仪器和实验场地。

2.注意事项

1)固定好操作点后,应随时注意调整以保持各量不变。

2)在填料塔操作条件改变后,需要有较长的稳定时间,一定要等到稳定以后方能读取有关数据。

五、实验数据记录

实验日期:＿＿＿＿＿＿＿　实验人员:＿＿＿＿＿＿＿　学　号:＿＿＿＿＿＿＿

环境温度:＿＿＿＿＿＿＿　环境湿度:＿＿＿＿＿＿＿　装置号:＿＿＿＿＿＿＿

实验数据记录见表 2-13。

表 2-13　数据记录表

序号	填料层压降 mmH₂O	空气流量 m³·h⁻¹	空气温度 ℃	CO₂流量 m³·h⁻¹	CO₂温度 ℃	塔顶气相组成	塔顶液相组成	塔底气相组成	塔底液相组成
1									
2									
3									
4									
5									
6									
7									

序号	填料层压降 mmH$_2$O	空气流量 m$^3 \cdot$ h^{-1}	空气温度 ℃	CO$_2$流量 m$^3 \cdot$ h^{-1}	CO$_2$温度 ℃	塔顶气相组成	塔顶液相组成	塔底气相组成	塔底液相组成
8									
9									
10									
11									
12									
13									
14									
15									

六、实验报告

1)将原始数据列表。

2)在双对数坐标纸上绘图表示二氧化碳吸收时体积传质系数、传质单元高度与气体流量的关系。

3)列出实验结果与计算示例。

4)对实验结果进行分析讨论。

七、思考题

1)本实验中,为什么塔底要有液封?

2)测定 $K_x a$ 有什么工程意义?

3)为什么二氧化碳吸收过程属于液膜控制?

4)当气体温度和液体温度不同时,应用什么温度计算亨利系数?

5)二氧化碳吸收的依据是什么?

实验九　筛板精馏塔全回流实验

一、实验目的

1)了解筛板精馏塔及其附属设备的基本结构,掌握精馏过程的基本操作方法。

2)学会判断系统达到稳定的方法,掌握测定塔顶、塔釜溶液浓度的实验方法。

3)学习全回流操作条件下测定精馏塔全塔效率和单板效率的实验方法。

二、基本原理

1.全塔效率 E_T

全塔效率又称总板效率,是指达到指定分离效果所需理论板数与实际板数的比值,即

$$E_T = \frac{N_T - 1}{N_P} \tag{2-72}$$

式中:N_T——完成一定分离任务所需的理论塔板数,包括蒸馏釜;

N_P——完成一定分离任务所需的实际塔板数,本装置 $N_P = 10$。

全塔效率简单地反映了整个塔内塔板的平均效率,说明了塔板结构、物理性质系数、操作状况对塔分离能力的影响。对于塔内所需理论塔板数 N_T,可由已知的双组分物系平衡关系,实验中测得的塔顶、塔釜出液的组成,回流比 R 和热状态参数 q 等用图解法求得。

2.单板效率 E_M

单板效率又称莫弗里板效率,如图 2-13 所示,是指气相或液相经过一层实际塔板前后的组成变化值与经过一层理论塔板前后的组成变化值之比。

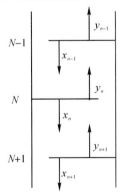

图 2-13　塔板气液流向示意

按气相组成变化表示的单板效率为

$$E_{MV} = \frac{y_n - y_{n+1}}{y_n^* - y_{n+1}} \qquad (2-73)$$

按液相组成变化表示的单板效率为

$$E_{ML} = \frac{x_{n-1} - x_n}{x_{n-1} - x_n^*} \qquad (2-74)$$

式中：y_n，y_{n+1}——离开第 n，$n+1$ 块塔板的气相组成(摩尔分数)，$\%$；

x_{n-1}，x_n——离开第 $n-1$，n 块塔板的液相组成(摩尔分数)，$\%$；

y_n^*——与 x_n 成平衡的气相组成(摩尔分数)，$\%$；

x_n^*——与 y_n 成平衡的液相组成(摩尔分数)，$\%$。

3.图解法求理论塔板数 N_T

图解法又称麦卡勃-蒂列(McCabe-Thiele)法，简称"M-T 法"，其原理与逐板计算法完全相同，只是将逐板计算过程在 x-y 图上直观地表示出来。

全回流操作时，精馏塔不进料，也不出料。此时，精馏段的操作线与提馏段的操作线均为

$$y_{n+1} = x_n \qquad (2-75)$$

式中：y_{n+1}——精馏段第 $n+1$ 块塔板上升的蒸汽组成(摩尔分数)，$\%$；

x_n——精馏段第 n 块塔板下流的液体组成(摩尔分数)，$\%$；

4.全回流操作条件下图解法求理论塔板数 N_T

在精馏全回流操作时，操作线在 x-y 图上为对角线，如图 2-14 所示，根据塔顶、塔釜的组成在操作线和平衡线间作梯级，即可得到理论塔板数。

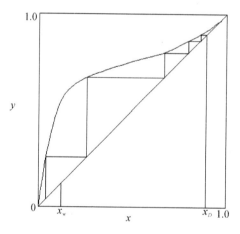

图 2-14 全回流时理论板数的确定

三、实验装置和流程

1.实验装置

本实验装置的主体设备是筛板精馏塔，配套设备有加料系统，回流系统，产品出料管路，残液出料管路，进料泵和一些测量，控制仪表，如图 2-15 所示。

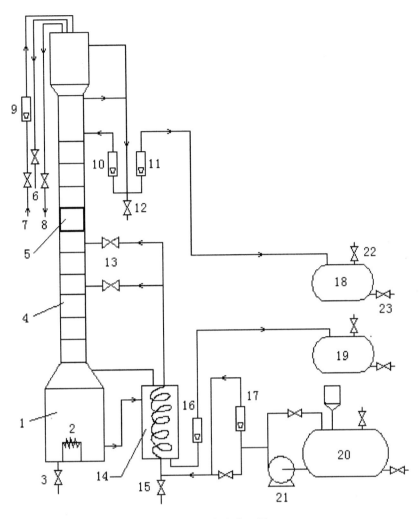

图 2-15　实验装置图

1—塔釜;2—电加热器;3—塔釜排液口;4—塔节;5—玻璃视镜;6—不凝性气体出口;7—冷却水进口;8—冷却水出口;
9—冷却水流量计;10—塔顶回流流量计;11—塔顶出料液流量计;12—塔顶出料取样口;13—进料阀;14—换热器;
15—进料液取样口;16—塔釜残液流量计;17—进料液流量计;18—产品灌;19—残液灌;20—原料灌;21—进料泵;
22—排空阀;23—排液阀

　　筛板塔主要结构参数:塔内径 $D = 68$ mm,厚度 $\delta = 2$ mm,塔节 $\Phi 76$ mm×4 mm,塔板数 $N = 10$ 块,板间距 $H_T = 100$ mm。加料位置由下向上起数第 4 块和第 6 块。降液管采用弓形,齿形堰,堰长为 56 mm,堰高为 7.3 mm,齿深为 4.6 mm,齿数为 9 个。降液管底隙为 4.5 mm。筛孔直径 $d_0 = 1.5$ mm,正三角形排列,孔间距 $t = 5$ mm,开孔数为 74 个。塔釜为内电加热式,加热功率为 2.5 kW,有效容积为 10 L。塔顶冷凝器、塔釜换热器均为盘管式。单板取样为自下而上第 1 块和第 10 块,斜向上为液相取样口,水平管为气相取样口。

　　2.实验流程

　　本实验料液为乙醇-水溶液,釜内液体由电加热器产生蒸汽逐板上升,经与各板上的液体传质后,进入盘管式换热器壳程,冷凝成液体后再从集液器流出,一部分作为回流液从塔顶流入塔内,另一部分作为产品馏出,进入产品贮罐;残液经釜液转子流量计流入釜液贮罐。

四、实验步骤与注意事项

1.实验步骤

1)配制浓度10%~20%(体积百分比)的料液加入贮罐中,打开进料管路上的阀门,由进料泵将料液打入塔釜,观察塔釜液位计高度,进料至釜容积的2/3处。进料时可以打开进料旁路的闸阀,加快进料速度。

2)关闭塔身进料管路上的阀门,启动电加热管电源,逐步增加加热电压,使塔釜温度缓慢上升(因塔中部玻璃部分较为脆弱,若加热过快玻璃极易碎裂,气使整个精馏塔报废,故升温过程应尽可能缓慢)。

3)打开塔顶冷凝器的冷却水,调节合适冷凝量,并关闭塔顶出料管路,使整塔处于全回流状态。

4)在塔顶温度、回流量和塔釜温度稳定后,分别取塔顶浓度 x_D 和塔釜浓度 x_W,送色谱分析仪分析。

a.塔顶、塔釜从各相应的取样阀放出。

b.塔板取样用注射器从所测定的塔板中缓缓抽出,取 1 mL 左右注入事先洗净烘干的针剂瓶中,并给该瓶盖标号以免出错,各个样品尽可能同时取样。

c.将样品进行分析。

3.注意事项

1)塔顶放空阀一定要打开,否则容易因塔内压力过大导致危险。

2)料液一定要加到设定液位2/3处方可打开加热管电源,否则塔釜液位过低会使电加热丝露出干烧致坏。

3)如果实验中塔板温度有明显偏差,是由于所测定的温度不是气相温度,而是气-液混合的温度。

五、实验数据记录

实验日期:＿＿＿＿＿＿＿＿　　实验人员:＿＿＿＿＿＿＿＿　　学　号:＿＿＿＿＿＿＿＿

环境温度:＿＿＿＿＿＿＿＿　　环境湿度:＿＿＿＿＿＿＿＿　　装置号:＿＿＿＿＿＿＿＿

实验数据记录见表 2-14~表 2-16。

表 2-14　流量数据记录表

	流量/$(kmol \cdot s^{-1})$	备注
塔顶	$D=$	
塔釜	$W=$	
原料	$F=$	

表 2 – 15　组成数据记录表

	体积分数/(%)	摩尔分数/(%)	备注
塔顶			
塔釜			
原料			
进入塔板气相			
离开塔板气相			
进入塔板液相			
离开塔板液相			

表 2 – 16　温度数据记录表

序号	测温点	温度/℃	备注
1			
2			
3			
4			
5			
6			
7			
8			
9			
10			
11			
12			

六、实验报告

1)将塔顶、塔底温度和组成,以及各流量计读数等原始数据列表。

2)用图解法计算理论板数,附上计算示例。

3)计算全塔效率和单板效率,写出计算过程。

4)分析并讨论实验过程中观察到的现象。

七、思考题

1)测定全回流总板效率与单板效率时需测几个参数？取样位置在何处？

2)全回流时测得板式塔上第 $n,n-1$ 层液相组成后,如何求得 x_n^*？

3)在全回流时,测得板式塔上第 $n,n-1$ 层液相组成后,能否求出第 n 层塔板上的以气相组成变化表示的单板效率?

4)若测得单板效率超过 100%,做何解释?

5)全回流是操作回流比的极限,什么时候采用全回流操作?

实验十　筛板精馏塔部分回流实验

一、实验目的

1)了解筛板精馏塔及其附属设备的基本结构,掌握精馏过程的基本操作方法。
2)学会判断系统达到稳定的方法,掌握测定塔顶、塔釜溶液浓度的实验方法。
3)学习部分回流操作条件下测定精馏塔全塔效率和单板效率的实验方法。
4)学习不同操作回流比的条件下,精馏塔的塔顶、塔釜溶液浓度变化,研究回流比对精馏塔分离效率的影响。

二、基本原理

1.全塔效率 E_T

全塔效率又称总板效率,是指达到指定分离效果所需理论板数与实际板数的比值,即

$$E_\mathrm{T} = \frac{N_\mathrm{T} - 1}{N_\mathrm{P}} \qquad (2-76)$$

式中,N_T——完成一定分离任务所需的理论塔板数,包括蒸馏釜;

$\quad N_\mathrm{P}$——完成一定分离任务所需的实际塔板数,本装置 $N_\mathrm{P}=10$。

全塔效率简单地反映了整个塔内塔板的平均效率,说明了塔板结构、物理性质系数、操作状况对塔分离能力的影响。对于塔内所需理论塔板数 N_T,可由已知的双组分物系平衡关系,实验中测得的塔顶、塔釜出液的组成,回流比 R 和热状态参数 q 等用图解法求得。

2.单板效率 E_M

单板效率又称莫弗里板效率,如图 2-16 所示,是指气相或液相经过一层实际塔板前后的组成变化值与经过一层理论塔板前后的组成变化值之比。

按气相组成变化表示的单板效率为

$$E_\mathrm{MV} = \frac{y_n - y_{n+1}}{y_n^* - y_{n+1}} \qquad (2-77)$$

按液相组成变化表示的单板效率为

$$E_\mathrm{ML} = \frac{x_{n-1} - x_n}{x_{n-1} - x_n^*} \qquad (2-78)$$

式中:y_n,y_{n+1}——离开第 n,$n+1$ 块塔板的气相组成(摩尔分数),%;

$\quad x_{n-1}$,x_n——离开第 $n-1$,n 块塔板的液相组成(摩尔分数),%;

$\quad y_n^*$——与 x_n 成平衡的气相组成(摩尔分数),%;

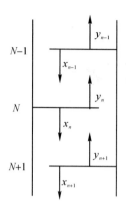

图 2-16 塔板气液流向示意

3.图解法求理论塔板数 N_T

图解法又称麦卡勃-蒂列(McCabe-Thiele)法,简称"M-T法",其原理与逐板计算法完全相同,只是将逐板计算过程在 $x-y$ 图上直观地表示出来。

精馏段的操作线方程为

$$y_{n+1} = \frac{R}{R+1}x_n + \frac{x_D}{R+1} \qquad (2-79)$$

式中:y_{n+1}—— 精馏段第 $n+1$ 块塔板上升的蒸汽组成(摩尔分数),%;

$\quad\ x_n$—— 精馏段第 n 块塔板下流的液体组成(摩尔分数),%;

$\quad\ x_D$—— 塔顶馏出液的液体组成(摩尔分数),%;

$\quad\ R$—— 泡点回流下的回流比。

提馏段的操作线方程为

$$y_{m+1} = \frac{L'}{L'-W}x_m - \frac{Wx_W}{L'-W} \qquad (2-80)$$

式中:y_{m+1}—— 提馏段第 $m+1$ 块塔板上升的蒸汽组成(摩尔分数),%;

$\quad\ x_m$—— 提馏段第 m 块塔板下流的液体组成(摩尔分数),%;

$\quad\ x_W$—— 塔底釜液的液体组成(摩尔分数),%;

$\quad\ L'$—— 提馏段内下流的液体量,kmol/s;

$\quad\ W$—— 釜液流量,kmol/s。

加料线(q 线)方程可表示为

$$y = \frac{q}{q-1}x - \frac{x_F}{q-1} \qquad (2-81)$$

其中:

$$q = 1 + \frac{c_{pF}(t_S - t_F)}{r_F} \qquad (2-82)$$

式中:q—— 进料热状况参数;

$\quad\ r_F$——进料液组成下的汽化潜热,kJ/kmol;

$\quad\ t_S$——进料液的泡点温度,℃;

$\quad\ t_F$——进料液温度,℃;

c_{pF}——进料液在平均温度$(t_S-t_F)/2$下的比热容,kJ/(kmol·℃);

x_F——进料液组成,摩尔分数。

回流比 R 的确定:

$$R = \frac{L}{D} \tag{2-83}$$

式中:L——回流液量,kmol/s;

$\quad\quad D$——馏出液量,kmol/s。

式(2-83)只适用于泡点下回流时的情况,而实际操作时为了保证上升气流能完全冷凝,冷却水量一般都比较大,回流液温度往往低于泡点温度,即冷液回流。

如图 2-17 所示,从全凝器出来的温度为 t_R、流量为 L 的液体回流进入塔顶第一块板,由于回流温度低于第一块塔板上的液相温度,离开第一块塔板的一部分上升蒸汽将被冷凝成液体,这样,塔内的实际流量将大于塔外回流量。

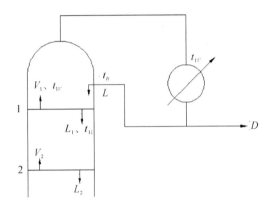

图 2-17 塔顶回流示意图

对第一块板作物料、热量衡算:

$$V_1 + L_1 = V_2 + L \tag{2-84}$$

$$V_1 I_{V1} + L_1 I_{L1} = V_2 I_{V2} + L I_L \tag{2-85}$$

对式(2-84)、式(2-85)整理、化简后,近似可得

$$L_1 \approx L\left[1 + \frac{c_p(t_{1L}-t_R)}{r}\right] \tag{2-86}$$

即实际回流比为

$$R_1 = \frac{L_1}{D} \tag{2-87}$$

$$R_1 = \frac{L\left[1 + \dfrac{c_p(t_{1L}-t_R)}{r}\right]}{D} \tag{2-88}$$

式中: V_1, V_2——离开第 1,2 块板的气相摩尔流量,kmol/s;

$\quad\quad\quad\quad L_1$——塔内实际液流量,kmol/s;

$I_{V1}, I_{V1}, I_{L1}, I_L$——指对应 V_1, V_2, L_1, L 下的焓值,kJ/kmol;

r——回流液组成下的汽化潜热,kJ/kmol;

c_p——回流液在 t_{1L} 与 t_R 平均温度下的平均比热容,kJ/(kmol·℃)。

4.部分回流操作条件下图解法求理论塔板数 N_T

如图 2-18 所示,部分回流操作时,图解法的主要步骤:

1)根据物系和操作压力在 x-y 图上作出相平衡曲线,并画出对角线作为辅助线;

2)在 x 轴上定出 $x=x_D,x_F,x_W$ 三点,依次通过这三点作垂线分别交对角线于点 a,f,b;

3)在 y 轴上定出 $y_C=x_D/(R+1)$ 的点 c,连接 a,c 作出精馏段操作线;

4)由进料热状况求出 q 线的斜率 $q/(q-1)$,过点 f 作出 q 线交精馏段操作线于点 d;

5)连接点 d,b 作出提馏段操作线;

6)从点 a 开始在平衡线和精馏段操作线之间画阶梯,当梯级跨过点 d 时,就改在平衡线和提馏段操作线之间画阶梯,直至梯级跨过点 b 为止;

7)所画的总阶梯数就是全塔所需的理论踏板数(包含再沸器),跨过点 d 的那块板就是加料板,其上的阶梯数为精馏段的理论塔板数。

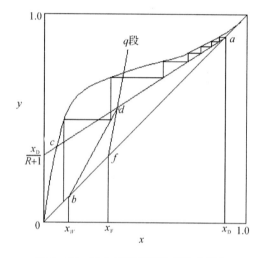

图 2-18 部分回流时理论板数的确定

三、实验装置与流程

1.实验装置

本实验装置的主体设备是筛板精馏塔,配套的有加料系统,回流系统,产品出料管路,残液出料管路,进料泵和一些测量、控制仪表,如图 2-19 所示。

筛板塔主要结构参数:塔内径 $D=68$ mm,厚度 $\delta=2$ mm,塔节 $\Phi76$ mm×4 mm,塔板数 $N=10$ 块,板间距 $H_T=100$ mm。加料位置由下向上起数第 4 块和第 6 块。降液管采用弓形,齿形堰,堰长为 56 mm,堰高为 7.3 mm,齿深为 4.6 mm,齿数为 9 个。降液管底隙为 4.5 mm。筛孔直径 $d_0=1.5$ mm,正三角形排列,孔间距 $t=5$ mm,开孔数为 74 个。塔釜为内电加热式,加热功率为 2.5 kW,有效容积为 10 L。塔顶冷凝器、塔釜换热器均为盘管式。单板取样为自下而上第 1 块和第 10 块,斜向上为液相取样口,水平管为气相取样口。

2.实验流程

本实验料液为乙醇-水溶液,釜内液体由电加热器产生蒸汽逐板上升,经与各板上的液体传质后,进入盘管式换热器壳程,冷凝成液体后再从集液器流出,一部分作为回流液从塔顶流入塔内,另一部分作为产品馏出,进入产品贮罐;残液经釜液转子流量计流入釜液贮罐。

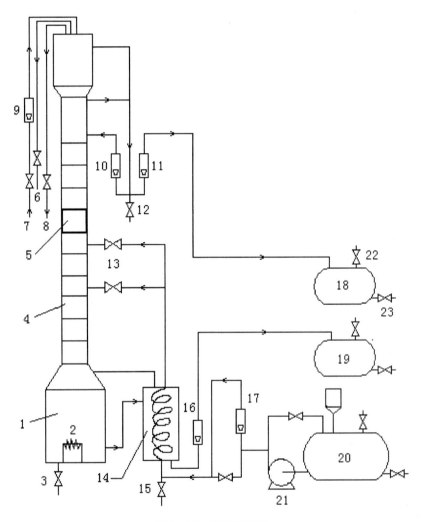

图 2-19　实验装置图

1-塔釜;2-电加热器;3-塔釜排液口;4-塔节;5-玻璃视镜;6-不凝性气体出口;7-冷却水进口;8-冷却水出口;
9-冷却水流量计;10-塔顶回流流量计;11-塔顶出料液流量计;12-塔顶出料取样口;13-进料阀;14-换热器;
15-进料液取样口;16-塔釜残液流量计;17-进料液流量计;18-产品灌;19-残液灌;20-原料灌;21-进料泵;
22-排空阀;23-排液阀

四、实验步骤与注意事项

1.实验步骤

1)在储料罐中配制一定体积浓度的乙醇-水溶液(10％～20％)。

2)待塔全回流操作稳定后,打开进料阀,调节进料量至适当的流量。

3)控制塔顶回流和出料两转子流量计,调节回流比 $R(R=1\sim4)$ 。

4)打开塔釜残液流量计,调节至适当流量。

5)在塔顶、塔内温度读数以及流量都稳定后即可取样。

a.进料、塔顶、塔釜从各相应的取样阀放出。

b.塔板取样用注射器从所测定的塔板中缓缓抽出,取 1mL 左右注入事先洗净烘干的针剂瓶中,并给该瓶盖标号以免出错,各个样品尽可能同时取样。

c.将样品进行分析。

2.注意事项

1)塔顶放空阀一定要打开,否则容易因塔内压力过大导致危险。

2)料液一定要加到塔釜内液位 2/3 处(塔釜侧边的玻璃液位计)方可打开加热管电源,否则塔釜液位过低会使电加热丝露出干烧致坏。

3)如果实验中塔板温度有明显偏差,是由于所测定的温度不是气相温度,而是气-液混合的温度。

五、实验数据记录

实验日期:_____ 实验人员:_____ 学　　号:_____
环境温度:_____ 环境湿度:_____ 装置号:_____

实验数据记录见表 2-17~表 2-19。

表 2-17　流量数据记录表

	流量/(kmol·s^{-1})	备注
塔顶	$D=$	
塔釜	$W=$	
原料	$F=$	

表 2-18　组成数据记录表

	体积分数/(%)	摩尔分数/(%)	备注
塔顶			
塔釜			
原料			
进入塔板气相			
离开塔板气相			
进入塔板液相			
离开塔板液相			

表 2 - 19 温度数据记录表

序号	测温点	温度/℃	备注
1			
2			
3			
4			
5			
6			
7			
8			
9			
10			
11			
12			

六、实验报告

1)将塔顶、塔底温度和组成,以及各流量计读数等原始数据列表。

2)按部分回流用图解法计算理论板数,附上计算示例。

3)计算全塔效率和单板效率,写出计算过程。

4)分析并讨论实验过程中观察到的现象。

5)对实验结果进行分析讨论。

七、思考题

1)测定部分回流总板效率与单板效率时各需测几个参数? 取样位置在何处?

2)部分回流时,测得板式塔上第 $n,n-1$ 层液相组成后,如何求 x_n^*?

3)在全回流时,测得板式塔上第 $n,n-1$ 层液相组成后,能否求出第 n 层塔板上的以气相组成变化表示的单板效率?

4)查取进料液的汽化潜热时定性温度取何值?

5)若测得单板效率超过 100%,作何解释?

实验十一　液-液转盘萃取实验

一、实验目的

1)了解转盘萃取塔的基本结构、操作方法及萃取的工艺流程。

2)观察转盘转速变化时,萃取塔内轻、重两相流动状况,了解萃取操作的主要影响因素,研究萃取操作条件对萃取过程的影响。

3)掌握每米萃取高度的传质单元数 N_{OR}、传质单元高度 H_{OR} 和萃取率 η 的实验测法。

二、基本原理

萃取是分离和提纯物质的重要单元操作之一,是利用混合物中各个组分在外加溶剂中的溶解度的差异而实现组分分离的单元操作。使用转盘塔进行液-液萃取操作时,两种液体在塔内做逆流流动,其中一相液体作为分散相,以液滴形式通过另一种连续相液体,两种液相的浓度则在设备内做微分式的连续变化,并依靠密度差在塔的两端实现两液相间的分离。当轻相作为分散相时,相界面出现在塔的上端;反之,当重相作为分散相时,相界面出现在塔的下端。

1.传质单元法的计算

计算微分逆流萃取塔的塔高时,主要是采取传质单元法,即以传质单元数和传质单元高度来表征,传质单元数表示过程分离程度的难易,传质单元高度表示设备传质性能的好坏。

$$H = N_{OR} H_{OR} \tag{2-89}$$

式中:H——萃取塔的有效接触高度,m;

H_{OR}——以萃余相为基准的总传质单元高度,m;

N_{OR}——以萃余相为基准的总传质单元数,无因次。

按定义,N_{OR}计算式为

$$N_{OR} = \int_{X_R}^{X_F} \frac{\mathrm{d}X}{X - X^*} \tag{2-90}$$

式中:X_F——原料液的组成,kgA/kgS;

X_R——萃余相的组成,kgA/kgS;

X——塔内某截面处萃余相的组成,kgA/kgS;

X^*——塔内某截面处与萃取相平衡时的萃余相组成,kgA/kgS。

当萃余相浓度较低时,平衡曲线可近似为过原点的直线,操作线也简化为直线处理,如图 2-20 所示。

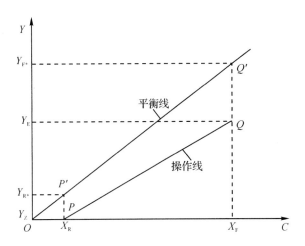

图 2-20 萃取平均推动力计算示意图

积分式(2-90)得

$$N_{OR} = \frac{X_F - X_R}{\Delta X_m} \tag{2-91}$$

其中,ΔX_m 为传质过程的平均推动力,在操作线、平衡线作直线近似的条件下为

$$\Delta X_m = \frac{(X_F - X^*) - (X_R - 0)}{\ln \dfrac{(X_F - X^*)}{(X_R - 0)}} = \frac{(X_F - X_E/k) - X_R}{\ln \dfrac{(X_F - X_E/k)}{X_R}} \tag{2-92}$$

式中:k——分配系数,例如对于本实验的煤油苯甲酸相-水相,$k=2.26$;

X_E——萃取相的组成,kgA/kgS。

对于 X_F,X_R 和 X_E,分别在实验中通过取样滴定分析而得,X_E 也可通过如下的物料衡算而得:

$$\left.\begin{array}{l} F + S = E + R \\ FX_F + S \cdot 0 = EX_E + RX_R \end{array}\right\} \tag{2-93}$$

式中:F——原料液流量,kg/h;

S——萃取剂流量,kg/h;

E——萃取相流量,kg/h;

R——萃余相流量,kg/h。

对稀溶液的萃取过程,因为 $F = R$,$S = E$,所以有

$$X_E = \frac{F}{S}(X_F - X_R) \tag{2-94}$$

2.萃取率的计算

萃取率 η 为被萃取剂萃取的组分 A 的量与原料液中组分 A 的量之比为

$$\eta = \frac{FX_F - RX_R}{FX_F} \quad (2-95)$$

对稀溶液的萃取过程,因为 $F = R$,所以有

$$\eta = \frac{X_F - X_R}{X_F} \quad (2-96)$$

3.组成浓度的测定

对于煤油苯甲酸相-水相体系,采用酸碱中和滴定的方法测定进料液组成 X_R、萃余液组成 X_R 和萃取液组成 Y_E,即苯甲酸的质量分率,具体步骤如下:

1)用移液管量取待测样品 25 mL,加 1～2 滴溴百里酚蓝指示剂;

2)用 $KOH-CH_3OH$ 溶液滴定至终点,则所测浓度为

$$X = \frac{N \times \Delta V \times 122.12}{25 \times 0.8} \quad (2-97)$$

式中:N——$KOH-CH_3OH$ 溶液的当量浓度,mol/mL;

ΔV——滴定用去的 $KOH-CH_3OH$ 溶液体积量,mL。

此外,苯甲酸的相对分子质量为 122.12 g/mol,煤油密度为 0.8 g/mL,样品量为 25 mL。

3)萃取相组成 X_E 也可按式(2-94)计算得到。

三、实验装置与流程

1.实验装置

实验装置如图 2-21 所示。

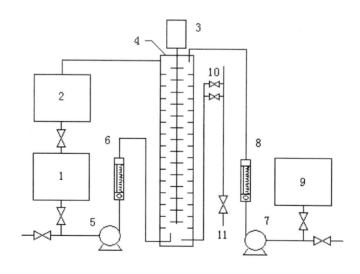

图 2-21　实验装置图

1—轻相槽;2—萃余相槽(回收槽);3—电机搅拌系统;4—萃取塔;5—轻相泵;

6—轻相流量计;7—重相泵;8—重相流量计;9—重相槽;10—Ⅱ管闸阀;11—萃取相出口

2.实验流程

本装置操作时应先在塔内灌满连续相——水,然后加入分散相——煤油(含有饱和苯甲酸),待分散相在塔顶凝聚一定厚度的液层后,通过连续相的Ⅱ管闸阀调节两相的界面于一定高度,对于本装置采用的实验物料体系,凝聚是在塔的上端中进行(塔的下端也设有凝聚段)。本装置外加能量的输入,可通过直流调速器来调节中心轴的转速。

实验装置转盘萃取塔参数见表 2-20。

表 2-20　转盘萃取塔参数

塔内径	塔高	传质区高度
60 mm	1 200 mm	750 mm

四、实验步骤与注意事项

1)将煤油配制成含苯甲酸的混合物(配制成饱和或近饱和),然后把它灌入轻相槽内。注意:勿直接在槽内配置饱和溶液,防止固体颗粒堵塞煤油输送泵的入口。

2)接通水管,将水灌入重相槽内,用磁力泵将它送入萃取塔内。注意:磁力泵切不可空载运行。

3)通过调节转速来控制外加能量的大小,在操作时转速逐步加大,中间会跨越一个临界转速(共振点),一般实验转速可取 500 r/min。

4)水在萃取塔内搅拌流动,并连续运行 5 min 后,开启分散相——煤油管路,调节两相的体积流量一般在 $10\sim20$ L/h 范围内(在进行数据计算时,对煤油转子流量计测得的数据要校正,即煤油的实际流量应为 $V_{校}=\dfrac{1\,000}{800}V_{测}$,其中 $V_{测}$ 为煤油流量计上的显示值)。

5)待分散相在塔顶凝聚一定厚度的液层后,再通过连续相出口管路中Ⅱ形管上的阀门开度来调节两相界面高度,操作中应维持上集液板中两相界面的恒定。

6)通过改变转速来分别测取效率 η 或 H_{OR} 从而判断外加能量对萃取过程的影响。

7)取样分析。本实验采用酸碱中和滴定的方法测定进料液组成 X_F、萃余液组成 X_R 和萃取液组成 Y_E,即苯甲酸的质量分率,具体步骤如下:

a.用移液管量取待测样品 25 mL,加 $1\sim2$ 滴溴百里酚蓝指示剂;

b.用 KOH-CH₃OH 溶液滴定至终点,则所测质量浓度为

$$X=\frac{N\times\Delta V\times122.12}{25\times0.8}\times100\%\qquad(2-98)$$

式中:N——KOH-CH₃OH 溶液的当量浓度,mol/ml;

　　　ΔV——滴定用去的 KOH-CH₃OH 溶液体积量,mL。

苯甲酸的相对分子质量为 122.12 g/mol,煤油密度为 0.8 g/mL,样品量为 25 mL。

c.萃取相组成 X_E 也可按式(2-94)计算得到。

五、实验数据记录

实验日期:＿＿＿＿＿＿＿　　实验人员:＿＿＿＿＿＿＿　　学　号:＿＿＿＿＿＿＿

环境温度:＿＿＿＿＿＿＿　　环境湿度:＿＿＿＿＿＿＿　　装置号:＿＿＿＿＿＿＿

实验数据记录见表 2-21。

表 2-21　实验数据表

编号	重相流量 L·h⁻¹	轻相流量 L·h⁻¹	转速 N r·min⁻¹	$\frac{\Delta V_F}{mL\ KOH}$	$\frac{\Delta V_R}{mL\ KOH}$	$\frac{\Delta V_S}{mL\ KOH}$
1						
2						
3						
4						
5						
6						
7						
8						
9						
10						

氢氧化钾的当量浓度:$N_{KOH}=$ _____ mol/mL

六、实验报告

1)计算不同转速下的萃取效率,传质单元高度,附上计算示例。

2)对实验结果进行分析讨论。

七、思考题

1)萃取实验装置与吸收、精馏实验装置有何异同点?

2)本萃取实验装置的转盘转速是如何调节和测量的?转盘转速变化对萃取传质系数与萃取率有何影响?

3)测定原料液、萃取相、萃余相的组成可用哪些方法?采用中和滴定法时,标准碱为什么选用 KOH-CH₃OH 溶液,而不选用 KOH-H₂O 溶液?

4)用作萃取剂的物质必须具备哪些条件?

5)除了本实验的萃取技术,还有哪些萃取技术?

实验十二　干燥特性曲线测定实验

一、实验目的

1)了解洞道式干燥装置的基本结构、工艺流程和操作方法。

2)学习测定物料在恒定干燥条件下干燥特性的实验方法。

3)掌握根据实验干燥曲线求取干燥速率曲线以及恒速阶段干燥速率、临界含水量、平衡含水量的实验分析方法。

4)实验研究干燥条件对于干燥过程特性的影响。

二、基本原理

在设计干燥器的尺寸或确定干燥器的生产能力时,被干燥物料在给定干燥条件下的干燥速率、临界湿含量和平衡湿含量等干燥特性数据是最基本的技术依据参数。由于实际生产中的被干燥物料的性质千变万化,因此对于大多数具体的被干燥物料而言,其干燥特性数据常常需要通过实验测定。

按干燥过程中空气状态参数是否变化,可将干燥过程分为恒定干燥条件操作和非恒定干燥条件操作两大类。若用大量空气干燥少量物料,则可以认为湿空气在干燥过程中温度、湿度均不变,再加上气流速度、与物料的接触方式不变,因此称这种操作为恒定干燥条件下的干燥操作。

1.干燥速率的定义

干燥速率的定义为单位干燥面积(提供湿分汽化的面积)、单位时间内所除去的湿分质量:

$$U = \frac{dW}{A d\tau} = -\frac{G_c dX}{A d\tau} \tag{2-99}$$

式中:U——干燥速率,又称干燥通量,kg/(m² · s);

　　A——干燥表面积,m²;

　　W——汽化的湿分量,kg;

　　τ——干燥时间,s;

　　G_c——绝干物料的质量,kg;

　　X——物料湿含量,负号表示 X 随干燥时间的增加而减少。

2.干燥速率的测定方法

将湿物料试样置于恒定空气流中进行干燥实验,随着干燥时间的延长,水分不断汽化,湿物料质量减少。记录物料不同时间下质量 G,直到物料质量不变为止,即物料在该条件下达到干燥极限为止,此时留在物料中的水分就是平衡水分 X^*。再将物料烘干后称重得到绝干物料质量 G_c,则物料中瞬间含水率 X 为

$$X = \frac{G - G_c}{G_c} \tag{2-100}$$

计算出每一时刻的瞬间含水率 X,然后将 X 对干燥时间 τ 作图,图 2-22 所示即为干燥曲线。

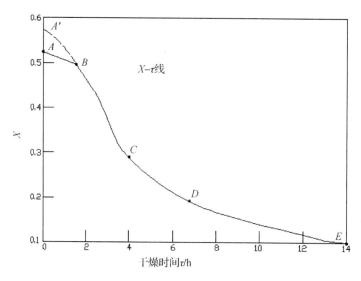

图 2-22 恒定干燥条件下的干燥曲线

上述干燥曲线还可以变换得到干燥速率曲线。由已测得的干燥曲线求出不同 X 下的斜率 $\frac{dX}{d\tau}$,再由式(2-99)计算得到干燥速率 U,将 U 对 X 作图,就是干燥速率曲线,如图 2-23 所示。

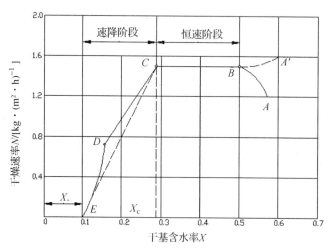

图 2-23 恒定干燥条件下的干燥速率曲线

3.干燥过程分析

(1)预热段

预热段如图 2-22、图 2-23 中的 AB 段或 A'B 段所示。物料在预热段中,含水率略有下降,温度则升至湿球温度 T_W,干燥速率可能呈上升趋势变化,也可能呈下降趋势变化。预热段经历的时间很短,通常在干燥计算中忽略不计,有些干燥过程甚至没有预热段。本实验中也没有预热段。

(2)恒速干燥阶段

恒速干燥阶段如图 2-22、图 2-23 中的 BC 段所示。该段物料水分不断汽化,含水率不断下降。但由于这一阶段去除的是物料表面附着的非结合水分,水分去除的机理与纯水的相同,故在恒定干燥条件下,物料表面始终保持为湿球温度 T_W,传质推动力保持不变,因而干燥速率也不变。于是在图 2-23 中,BC 段为水平线。

只要物料表面保持足够湿润,物料的干燥过程中总有恒速阶段。而该段的干燥速率大小取决于物料表面水分的汽化速率,亦即取决于物料外部的空气干燥条件,故该阶段又称为表面汽化控制阶段。

(3)降速干燥阶段

随着干燥过程的进行,物料内部水分移动到表面的速度赶不上表面水分的气化速率,物料表面局部出现"干区",尽管这时物料其余表面的平衡蒸气压仍与纯水的饱和蒸气压相同、传质推动力也仍为湿度差,但以物料全部外表面计算的干燥速率因"干区"的出现而降低,此时物料中的含水率称为临界含水率,用 X_c 表示,对应图 2-23 中的 C 点,称为临界点。过 C 点以后,干燥速率逐渐降低至 D 点,C 至 D 阶段称为降速第一阶段。

干燥到点 D 时,物料全部表面都成为干区,汽化面逐渐向物料内部移动,汽化所需的热量必须通过已被干燥的固体层才能传递到汽化面;从物料中汽化的水分也必须通过这层干燥层才能传递到空气主流中。干燥速率因热、质传递的途径加长而下降。此外,在点 D 以后,物料中的非结合水分已除尽。接下来所汽化的是各种形式的结合水,因而,平衡蒸气压将逐渐下降,传质推动力减小,干燥速率也随之较快降低,直至到达点 E 时,速率降为零。这一阶段称为降速第二阶段。

降速阶段干燥速率曲线的形状随物料内部的结构而异,不一定都呈现前面所述的曲线 C_{DE} 形状。对于某些多孔性物料,可能降速两个阶段的界限不是很明显,曲线好像只有 CD 段;对于某些无孔性吸水物料,汽化只在表面进行,干燥速率取决于固体内部水分的扩散速率,故降速阶段只有类似 DE 段的曲线。

与恒速阶段相比,降速阶段从物料中除去的水分量相对少许多,但所需的干燥时间却长得多。总之,降速阶段的干燥速率取决于物料本身结构、形状和尺寸,而与干燥介质状况关系不大,故降速阶段又称物料内部迁移控制阶段。

三、实验装置与流程

1.实验装置

实验装置如图 2-24 所示。

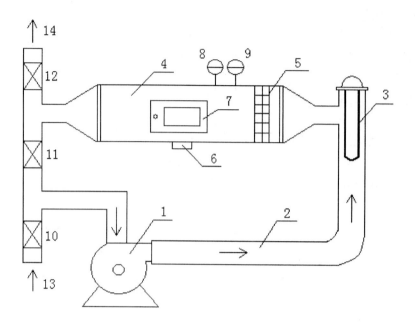

图 2-24　实验装置图

1—离心风机;2—管道;3—加热器;4—厢式干燥器;5—气流均布器;6—称重传感器;7—玻璃视镜门;
8—湿球温度计;9—干球温度计;10、11、12—蝶阀;13—进风口;14—出风口

2.实验流程

空气由鼓风机送入电加热器,经加热后流入干燥室,加热干燥室中的湿物料后,经排出管道通入大气中。随着干燥过程的进行,物料失去的水分量由称重传感器转化为电信号,并显示在智能数显仪表上,固定间隔时间读取的湿物料质量。

3.主要设备及仪器

1)鼓风机:BYF7122,370W;

2)电加热器:额定功率 4.5 kW;

3)干燥室:180 mm×180 mm×1 250 mm;

4)干燥物料:湿毛毡;

5)称重传感器:CZ1000 型,称重范围为 0~500g,精度为 0.1 g。

四、实验步骤与注意事项

1.实验步骤

1)实验前应记录绝干物料的质量。

2)开启总电源,开启风机电源。

3)打开仪表电源开关,加热器通电加热,旋转加热按钮至适当加热电压(根据实验室温和实验讲解时间长短)。在 U 形湿漏斗中加入一定水量,并用润湿的棉花包住湿球温度计,干燥室温度(干球温度)要求达到恒定温度(例如 70℃)。

4)将毛毡加入一定量的水并使其润湿均匀,注意水量不能过多或过少。

5)当干燥室温度恒定在70℃时,将湿毛毡十分小心地放置于称重传感器上。放置毛毡时应特别注意不能用力下压,因称重传感器的测量上限仅为500 g,用力过大容易损坏称重传感器。

6)记录时间、毛毡质量以及干球温度和湿球温度,每分钟或者每两分钟记录一次数据。

7)待毛毡恒重时,即为实验终了时,关闭加热电源,小心地取下毛毡,注意保护称重传感器。

8)待干球温度降至室温,关闭风机,切断总电源,清理实验设备。

2.注意事项

1)必须先开风机,后开加热器,否则加热管可能会被烧坏。

2)特别注意传感器的负荷量仅为500 g,放取毛毡时必须十分小心,绝对不能下压,以免损坏称重传感器。

3)实验过程中,不要拍打、碰扣装置面板,以免引起传感器晃动,影响结果。

五、实验数据记录

实验日期:＿＿＿＿＿＿＿＿　实验人员:＿＿＿＿＿＿＿＿　学　号:＿＿＿＿＿＿＿＿

环境温度:＿＿＿＿＿＿＿＿　环境湿度:＿＿＿＿＿＿＿＿　装置号:＿＿＿＿＿＿＿＿

实验数据记录见表2-22。

表 2-22　实验数据记录表

序号	空气流量 $\dfrac{}{m^3 \cdot h^{-1}}$	空气干球温度 $\dfrac{}{℃}$	空气湿球温度 $\dfrac{}{℃}$	干燥物料质量 $\dfrac{}{g}$
1				
2				
3				
4				
5				
6				
7				
8				
9				
10				
11				
12				
13				
14				
15				
干燥物料(毛毡)面积:＿＿＿＿＿ m²		干燥物料(毛毡)绝干重量:＿＿＿＿＿ g		

六、实验报告

1)绘制干燥曲线(瞬间含水率-时间关系曲线),附上计算示例。

2)根据干燥曲线作干燥速率曲线,附上计算示例。

3)读取物料的临界湿含量。

4)对实验结果进行分析讨论。

七、思考题

1)什么是恒定干燥条件? 本实验装置中采用了哪些措施来保持干燥过程在恒定干燥条件下进行?

2)控制恒速干燥阶段速率的因素是什么? 控制降速干燥阶段干燥速率的因素又是什么?

3)为什么要先启动风机,再启动加热器? 实验过程中干球温度计、湿球温度计是否变化? 为什么? 如何判断实验已经结束?

4)若加大热空气流量,干燥速率曲线有何变化? 恒速干燥速率、临界湿含量又如何变化? 为什么?

5)绝热饱和温度与湿球温度有什么区别?

第三部分

附　　录

附录一　常压下水的物理性质

温度 ℃	密度 kg·m⁻³	黏度 μPa·s	比热 kJ·kg⁻¹·K⁻¹	热导率 W·m⁻¹·K⁻¹	普朗特数	焓 J·kg⁻¹	表面张力 mN·m⁻¹
0	999.90	1 786.79	4.209 7	0.550 5	13.66	0.03	75.59
1	999.94	1 729.02	4.208 1	0.553 1	13.16	4.23	75.45
2	999.96	1 673.73	4.206 4	0.555 7	12.68	8.43	75.31
3	999.97	1 620.81	4.204 8	0.558 3	12.22	12.63	75.17
4	999.97	1 570.17	4.203 2	0.560 9	11.78	16.82	75.04
5	999.95	1 521.72	4.201 7	0.563 4	11.36	21.02	74.90
6	999.92	1 475.36	4.200 2	0.565 8	10.97	25.21	74.75
7	999.88	1 431.01	4.198 7	0.568 3	10.59	29.41	74.61
8	999.82	1 388.57	4.197 3	0.570 7	10.22	33.60	74.47
9	999.75	1 347.96	4.195 9	0.573 1	9.88	37.79	74.33
10	999.67	1 309.11	4.194 6	0.575 4	9.55	41.99	74.18
11	999.58	1 271.93	4.193 3	0.577 8	9.24	46.18	74.04
12	999.47	1 236.35	4.192 0	0.580 1	8.94	50.37	73.89
13	999.36	1 202.29	4.190 8	0.582 3	8.65	54.56	73.74
14	999.23	1 169.69	4.189 6	0.584 6	8.38	58.75	73.60
15	999.08	1 138.48	4.188 4	0.586 8	8.12	62.93	73.45
16	998.93	1 108.59	4.187 3	0.588 9	7.88	67.12	73.30
17	998.76	1 079.96	4.186 2	0.591 1	7.64	71.31	73.15
18	998.58	1 052.53	4.185 1	0.593 2	7.42	75.49	73.00
19	998.39	1 026.23	4.184 1	0.595 3	7.20	79.68	72.85
20	998.19	1 001.03	4.183 1	0.597 3	7.00	83.86	72.70

续表

温度	密度	黏度	比热	热导率	普朗特数	焓	表面张力
℃	kg · m⁻³	μPa · s	kJ · kg⁻¹ · K⁻¹	W · m⁻¹ · K⁻¹		J · kg⁻¹	mN · m⁻¹
21	997.97	976.85	4.182 2	0.599 4	6.80	88.05	72.55
22	997.74	953.65	4.181 3	0.601 4	6.62	92.23	72.39
23	997.50	931.38	4.180 4	0.603 3	6.44	96.42	72.24
24	997.24	909.99	4.179 6	0.605 3	6.27	100.60	72.08
25	996.98	889.44	4.178 8	0.607 2	6.11	104.78	71.93
26	996.70	869.68	4.178 0	0.609 1	5.95	108.96	71.77
27	996.40	850.67	4.177 3	0.610 9	5.80	113.14	71.62
28	996.09	832.37	4.176 6	0.612 8	5.66	117.32	71.46
29	995.77	814.75	4.176 0	0.614 6	5.52	121.51	71.30
30	995.43	797.76	4.175 4	0.616 3	5.39	125.69	71.14
31	995.08	781.39	4.174 8	0.618 1	5.27	129.87	70.99
32	994.72	765.58	4.174 2	0.619 8	5.15	134.05	70.83
33	994.34	750.31	4.173 7	0.621 5	5.03	138.23	70.67
34	993.94	735.56	4.173 3	0.623 2	4.92	142.40	70.50
35	993.53	721.29	4.172 8	0.624 8	4.81	146.58	70.34
36	993.10	707.47	4.172 4	0.626 4	4.71	150.76	70.18
37	992.66	694.10	4.172 1	0.628 0	4.61	154.94	70.02
38	992.20	681.13	4.171 8	0.629 6	4.51	159.12	69.85
39	991.72	668.55	4.171 5	0.631 1	4.42	163.30	69.69
40	991.23	656.34	4.171 2	0.632 7	4.33	167.48	69.53
41	990.72	644.48	4.171 0	0.634 1	4.24	171.66	69.36
42	990.19	632.96	4.170 8	0.635 6	4.15	175.83	69.20
43	989.64	621.75	4.170 7	0.637 0	4.07	180.01	69.03
44	989.07	610.84	4.170 6	0.638 4	3.99	184.19	68.86
45	988.48	600.21	4.170 5	0.639 8	3.91	188.37	68.69
46	987.87	589.86	4.170 5	0.641 2	3.84	192.55	68.53
47	987.24	579.77	4.170 5	0.642 5	3.77	196.73	68.36
48	986.59	569.92	4.170 5	0.643 8	3.69	200.91	68.19
49	985.92	560.32	4.170 6	0.645 1	3.63	205.09	68.02
50	985.23	550.95	4.170 7	0.646 4	3.56	209.26	67.85

温度 ℃	密度 kg · m⁻³	黏度 μPa · s	比热 kJ · kg⁻¹ · K⁻¹	热导率 W · m⁻¹ · K⁻¹	普朗特数	焓 J · kg⁻¹	表面张力 mN · m⁻¹
51	984.51	541.79	4.170 8	0.647 6	3.49	213.44	67.68
52	983.77	532.85	4.171 0	0.648 9	3.43	217.62	67.51
53	983.00	524.12	4.171 2	0.650 0	3.37	221.80	67.34
54	982.21	515.58	4.171 5	0.651 2	3.31	225.98	67.17
55	981.39	507.24	4.171 8	0.652 4	3.25	230.16	66.99
56	980.55	499.09	4.172 1	0.653 5	3.19	234.35	66.82
57	979.68	491.13	4.172 5	0.654 6	3.13	238.53	66.65
58	978.79	483.34	4.172 9	0.655 7	3.08	242.71	66.47
59	977.86	475.73	4.173 3	0.656 7	3.02	246.89	66.30
60	976.91	468.29	4.173 8	0.657 8	2.97	251.07	66.12
61	975.92	461.03	4.174 3	0.658 8	2.92	255.26	65.95
62	974.91	453.93	4.174 8	0.659 8	2.87	259.44	65.77
63	973.86	447.00	4.175 4	0.660 7	2.82	263.62	65.60
64	972.79	440.24	4.176 0	0.661 7	2.78	267.81	65.42
65	971.67	433.63	4.176 6	0.662 6	2.73	271.99	65.24
66	970.53	427.19	4.177 3	0.663 5	2.69	276.18	65.07
67	969.35	420.91	4.178 0	0.664 4	2.64	280.36	64.89
68	968.13	414.79	4.178 8	0.665 2	2.60	284.55	64.71
69	966.88	408.82	4.179 6	0.666 1	2.56	288.74	64.53
70	965.59	403.01	4.180 4	0.666 9	2.52	292.93	64.35
71	964.27	397.35	4.181 3	0.667 7	2.48	297.12	64.17
72	962.90	391.84	4.182 2	0.668 4	2.45	301.31	64.00
73	961.49	386.49	4.183 1	0.669 2	2.41	305.50	63.82
74	960.04	381.28	4.184 1	0.669 9	2.38	309.69	63.64
75	958.55	376.21	4.185 1	0.670 6	2.34	313.88	63.45
76	957.02	371.29	4.186 1	0.671 3	2.31	318.07	63.27
77	955.44	366.51	4.187 2	0.672 0	2.28	322.27	63.09
78	953.82	361.87	4.188 3	0.672 7	2.25	326.46	62.91
79	952.15	357.36	4.189 4	0.673 3	2.22	330.66	62.73
80	950.43	352.97	4.190 6	0.673 9	2.19	334.85	62.55

续表

温度	密度	黏度	比热	热导率	普朗	焓	表面张力
℃	kg · m⁻³	μPa · s	kJ · kg⁻¹ · K⁻¹	W · m⁻¹ · K⁻¹	特数	J · kg⁻¹	mN · m⁻¹
81	948.66	348.71	4.191 8	0.674 5	2.16	339.05	62.36
82	946.85	344.56	4.193 0	0.675 1	2.14	343.25	62.18
83	944.98	340.53	4.194 3	0.675 7	2.11	347.45	62.00
84	943.06	336.60	4.195 7	0.676 2	2.09	351.65	61.81
85	941.09	332.76	4.197 0	0.676 7	2.07	355.85	61.63
86	939.06	329.02	4.198 4	0.677 2	2.04	360.05	61.45
87	936.98	325.35	4.199 8	0.677 7	2.02	364.26	61.26
88	934.84	321.75	4.201 3	0.678 2	2.00	368.46	61.08
89	932.65	318.20	4.202 8	0.678 6	1.98	372.67	60.89
90	930.39	314.70	4.204 3	0.679 1	1.96	376.88	60.71
91	928.08	311.23	4.205 9	0.679 5	1.93	381.08	60.52
92	925.70	307.78	4.207 5	0.679 9	1.91	385.29	60.34
93	923.26	304.33	4.209 1	0.680 2	1.89	389.51	60.15
94	920.75	300.87	4.210 8	0.680 6	1.87	393.72	59.97
95	918.18	297.37	4.212 5	0.681 0	1.85	397.93	59.78
96	915.55	293.83	4.214 2	0.6813	1.83	402.15	59.59
97	912.84	290.21	4.216 0	0.681 6	1.80	406.36	59.41
98	910.07	286.50	4.217 8	0.681 9	1.78	410.58	59.22
99	907.22	282.67	4.219 6	0.682 2	1.75	414.80	59.03
100	904.30	278.70	4.221 5	0.682 4	1.72	419.02	58.85

附录二　常压下水蒸气的物理性质

温度 ℃	密度 kg · m⁻³	汽化热 kJ · kg⁻¹	温度 ℃	密度 kg · m⁻³	汽化热 kJ · kg⁻¹	温度 ℃	密度 kg · m⁻³	汽化热 kJ · kg⁻¹
0	0.004 720	2 494.481	101	0.616 6	2 255.588	201	7.999 9	1 940.099
1	0.006 092	2 491.954	102	0.637 3	2 253.103	202	8.162 8	1 935.981
2	0.007 283	2 489.436	103	0.658 6	2 250.609	203	8.328 3	1 931.839
3	0.008 318	2 486.926	104	0.680 4	2 248.106	204	8.496 7	1 927.671
4	0.009 218	2 484.424	105	0.702 9	2 245.596	205	8.667 8	1 923.479
5	0.010 00	2 481.931	106	0.725 9	2 243.077	206	8.841 8	1 919.261
6	0.010 69	2 479.445	107	0.749 6	2 240.549	207	9.018 6	1 915.018
7	0.011 30	2 476.968	108	0.773 9	2 238.012	208	9.198 3	1 910.750
8	0.011 85	2 474.498	109	0.798 8	2 235.466	209	9.381 0	1 906.456
9	0.012 35	2 472.036	110	0.824 4	2 232.911	210	9.566 7	1 902.135
10	0.012 82	2 469.582	111	0.850 7	2 230.347	211	9.755 5	1 897.789
11	0.013 26	2 467.134	112	0.877 6	2 227.772	212	9.947 3	1 893.417
12	0.013 70	2 464.694	113	0.905 2	2 225.189	213	10.142 2	1 889.018
13	0.014 14	2 462.26	114	0.933 6	2 222.595	214	10.340 3	1 884.593
14	0.014 59	2 459.833	115	0.962 6	2 219.991	215	10.541 6	1 880.141
15	0.015 06	2 457.413	116	0.992 4	2 217.377	216	10.746 2	1 875.662
16	0.015 56	2 454.999	117	1.022 9	2 214.752	217	10.954 1	1 871.156
17	0.016 10	2 452.592	118	1.054 2	2 212.117	218	11.165 3	1 866.622
18	0.016 68	2 450.19	119	1.086 3	2 209.472	219	11.380 0	1 862.062
19	0.017 32	2 447.795	120	1.119 2	2 206.815	220	11.598 1	1 857.473
20	0.018 00	2 445.405	121	1.152 8	2 204.147	221	11.819 6	1 852.858
21	0.018 76	2 443.021	122	1.187 3	2 201.468	222	12.044 7	1 848.214
22	0.019 58	2 440.642	123	1.222 6	2 198.778	223	12.273 5	1 843.542
23	0.020 47	2 438.268	124	1.258 7	2 196.076	224	12.505 8	1 838.842
24	0.021 43	2 435.900	125	1.295 7	2 193.362	225	12.741 9	1 834.113
25	0.022 48	2 433.536	126	1.333 6	2 190.636	226	12.981 7	1 829.356
26	0.023 61	2 431.177	127	1.372 3	2 187.898	227	13.225 3	1 824.571
27	0.024 83	2 428.823	128	1.412 0	2 185.148	228	13.472 7	1 819.756

续表

温度 ℃	密度 kg·m⁻³	汽化热 kJ·kg⁻¹	温度 ℃	密度 kg·m⁻³	汽化热 kJ·kg⁻¹	温度 ℃	密度 kg·m⁻³	汽化热 kJ·kg⁻¹
28	0.026 13	2 426.473	129	1.452 5	2 182.386	229	13.724 1	1 814.912
29	0.027 53	2 424.127	130	1.494 0	2 179.611	230	13.979 5	1 810.039
30	0.029 03	2 421.786	131	1.536 5	2 176.823	231	14.238 8	1 805.137
31	0.030 62	2 419.448	132	1.579 9	2 174.023	232	14.502 3	1 800.205
32	0.032 32	2 417.114	133	1.624 3	2 171.209	233	14.769 9	1 795.244
33	0.034 12	2 414.784	134	1.669 6	2 168.382	234	15.041 7	1 790.252
34	0.036 02	2 412.457	135	1.716 0	2 165.542	235	15.317 8	1 785.231
35	0.038 04	2 410.133	136	1.763 4	2 162.688	236	15.598 2	1 780.179
36	0.040 16	2 407.812	137	1.811 9	2 159.82	237	15.883 0	1 775.097
37	0.042 40	2 405.495	138	1.861 4	2 156.939	238	16.172 2	1 769.984
38	0.044 75	2 403.180	139	1.911 9	2 154.043	239	16.466 0	1 764.841
39	0.047 22	2 400.867	140	1.963 6	2 151.133	240	16.764 4	1 759.667
40	0.049 81	2 398.557	141	2.016 4	2 148.209	241	17.067 4	1 754.461
41	0.052 52	2 396.249	142	2.070 3	2 145.270	242	17.375 2	1 749.225
42	0.055 35	2 393.944	143	2.125 3	2 142.317	243	17.687 8	1 743.957
43	0.058 31	2 391.640	144	2.181 5	2 139.348	244	18.005 2	1 738.657
44	0.061 41	2 389.338	145	2.238 9	2 136.365	245	18.327 7	1 733.326
45	0.064 63	2 387.037	146	2.297 5	2 133.366	246	18.655 1	1 727.963
46	0.067 99	2 384.738	147	2.357 3	2 130.352	247	18.987 6	1 722.568
47	0.071 49	2 382.44	148	2.418 3	2 127.322	248	19.325 4	1 717.141
48	0.075 14	2 380.144	149	2.480 6	2 124.277	249	19.668 4	1 711.681
49	0.078 92	2 377.848	150	2.544 1	2 121.215	250	20.016 7	1 706.189
50	0.082 86	2 375.553	151	2.608 9	2 118.138	251	20.370 5	1 700.664
51	0.086 95	2 373.258	152	2.675 1	2 115.044	252	20.729 8	1 695.106
52	0.091 19	2 370.964	153	2.742 5	2 111.934	253	21.094 8	1 689.515
53	0.095 60	2 368.670	154	2.811 4	2 108.807	254	21.465 4	1 683.891
54	0.100 2	2 366.376	155	2.881 5	2 105.664	255	21.841 9	1 678.234
55	0.104 9	2 364.082	156	2.953 1	2 102.504	256	22.224 2	1 672.543
56	0.109 8	2 361.788	157	3.026 1	2 099.326	257	22.612 6	1 666.818
57	0.114 9	2 359.494	158	3.100 5	2 096.132	258	23.007 0	1 661.059

温度 ℃	密度 kg·m⁻³	汽化热 kJ·kg⁻¹	温度 ℃	密度 kg·m⁻³	汽化热 kJ·kg⁻¹	温度 ℃	密度 kg·m⁻³	汽化热 kJ·kg⁻¹
58	0.120 2	2 357.198	159	3.176 4	2 092.920	259	23.407 6	1 655.267
59	0.125 6	2 354.903	160	3.253 7	2 089.69	260	23.814 6	1 649.44
60	0.131 3	2 352.606	161	3.332 5	2 086.443	261	24.227 9	1 643.579
61	0.137 1	2 350.308	162	3.412 9	2 083.178	262	24.647 8	1 637.683
62	0.143 2	2 348.009	163	3.494 8	2 079.894	263	25.074 4	1 631.752
63	0.149 4	2 345.708	164	3.578 2	2 076.593	264	25.507 6	1 625.787
64	0.155 9	2 343.406	165	3.663 3	2 073.273	265	25.947 8	1 619.786
65	0.162 6	2 341.102	166	3.749 9	2 069.935	266	26.394 9	1 613.751
66	0.169 6	2 338.796	167	3.838 2	2 066.577	267	26.849 2	1 607.680
67	0.176 7	2 336.488	168	3.928 1	2 063.201	268	27.310 8	1 601.573
68	0.184 1	2 334.178	169	4.019 7	2 059.806	269	27.779 7	1 595.431
69	0.191 8	2 331.865	170	4.113 0	2 056.392	270	28.256 2	1 589.253
70	0.199 7	2 329.550	171	4.208 0	2 052.958	271	28.740 3	1 583.038
71	0.207 8	2 327.232	172	4.304 8	2 049.505	272	29.232 3	1 576.788
72	0.216 3	2 324.911	173	4.403 4	2 046.032	273	29.732 2	1 570.501
73	0.225 0	2 322.587	174	4.503 8	2 042.539	274	30.240 2	1 564.178
74	0.234 0	2 320.260	175	4.606 0	2 039.025	275	30.756 6	1 557.818
75	0.243 3	2 317.930	176	4.710 0	2 035.492	276	31.281 3	1 551.421
76	0.252 8	2 315.595	177	4.816 0	2 031.939	277	31.814 7	1 544.987
77	0.262 7	2 313.257	178	4.923 8	2 028.364	278	32.356 8	1 538.516
78	0.273 0	2 310.915	179	5.033 6	2 024.769	279	32.907 9	1 532.007
79	0.283 5	2 308.570	180	5.145 4	2 021.154	280	33.468 1	1 525.461
80	0.294 4	2 306.219	181	5.259 1	2 017.517	281	34.037 6	1 518.877
81	0.305 6	2 303.865	182	5.374 9	2 013.858	282	34.616 7	1 512.256
82	0.317 1	2 301.505	183	5.492 7	2 010.179	283	35.205 5	1 505.596
83	0.329 1	2 299.142	184	5.612 7	2 006.478	284	35.804 1	1 498.898
84	0.341 4	2 296.773	185	5.734 7	2 002.755	285	36.413 0	1 492.162
85	0.354 0	2 294.399	186	5.858 8	1 999.010	286	37.032 1	1 485.387
86	0.367 1	2 292.020	187	5.985 2	1 995.243	287	37.661 8	1 478.573
87	0.380 6	2 289.635	188	6.113 7	1 991.454	288	38.302 3	1 471.721

续表

温度 ℃	密度 kg·m⁻³	汽化热 kJ·kg⁻¹	温度 ℃	密度 kg·m⁻³	汽化热 kJ·kg⁻¹	温度 ℃	密度 kg·m⁻³	汽化热 kJ·kg⁻¹
88	0.394 4	2 287.245	189	6.244 5	1 987.643	289	38.953 9	1 464.829
89	0.408 7	2 284.849	190	6.377 5	1 983.809	290	39.616 7	1 457.899
90	0.423 5	2 282.447	191	6.512 8	1 979.952	291	40.291 0	1 450.929
91	0.438 6	2 280.039	192	6.650 5	1 976.073	292	40.977 1	1 443.919
92	0.454 2	2 277.625	193	6.790 5	1 972.170	293	41.675 3	1 436.87
93	0.470 3	2 275.204	194	6.933 0	1 968.244	294	42.385 8	1 429.781
94	0.486 8	2 272.777	195	7.077 8	1 964.295	295	43.108 8	1 422.651
95	0.503 8	2 270.343	196	7.225 1	1 960.322	296	43.844 8	1 415.482
96	0.521 3	2 267.902	197	7.374 9	1 956.326	297	44.594 0	1 408.272
97	0.539 4	2 265.454	198	7.527 3	1 952.305	298	45.356 6	1 401.022
98	0.557 9	2 262.999	199	7.682 2	1 948.261	299	46.133 1	1 393.731
99	0.576 9	2 260.536	200	7.839 8	1 944.192	300	46.923 7	1 386.399
100	0.596 5	2 258.066						

附录三　水的饱和蒸气压

温度 ℃	蒸气压 kPa	温度 ℃	蒸气压 kPa	温度 ℃	蒸气压 kPa	温度 ℃	蒸气压 kPa	温度 ℃	蒸气压 kPa	温度 ℃	蒸气压 kPa
0	0.61										
1	0.66	51	12.98	101	104.93	151	487.96	201	1 584.38	251	4 039.52
2	0.70	52	13.63	102	108.70	152	501.11	202	1 617.65	252	4 108.03
3	0.76	53	14.31	103	112.59	153	514.54	203	1 651.46	253	4 177.43
4	0.81	54	15.02	104	116.58	154	528.25	204	1 685.83	254	4 247.73
5	0.87	55	15.76	105	120.70	155	542.26	205	1 720.75	255	4 318.93
6	0.93	56	16.53	106	124.94	156	556.56	206	1 756.23	256	4 391.05
7	1.00	57	17.33	107	129.29	157	571.17	207	1 792.27	257	4 464.08
8	1.07	58	18.17	108	133.78	158	586.07	208	1 828.89	258	4 538.05
9	1.15	59	19.04	109	138.38	159	601.29	209	1 866.09	259	4 612.95
10	1.23	60	19.94	110	143.12	160	616.82	210	1 903.88	260	4 688.79
11	1.31	61	20.88	111	148.00	161	632.67	211	1 942.25	261	4 765.59
12	1.40	62	21.86	112	153.00	162	648.84	212	1 981.23	262	4 843.35
13	1.50	63	22.88	113	158.15	163	665.33	213	2 020.81	263	4 922.07
14	1.60	64	23.93	114	163.43	164	682.16	214	2 061.00	264	5 001.78
15	1.71	65	25.03	115	168.87	165	699.33	215	2 101.81	265	5 082.47
16	1.82	66	26.17	116	174.44	166	716.83	216	2 143.24	266	5 164.15
17	1.94	67	27.35	117	180.17	167	734.69	217	2 185.31	267	5 246.84
18	2.06	68	28.58	118	186.05	168	752.89	218	2 228.01	268	5 330.53
19	2.20	69	29.86	119	192.09	169	771.45	219	2 271.35	269	5 415.25
20	2.34	70	31.18	120	198.29	170	790.37	220	2 315.35	270	5 500.99
21	2.49	71	32.55	121	204.64	171	809.66	221	2 360.00	271	5 587.77
22	2.65	72	33.98	122	211.17	172	829.32	222	2 405.32	272	5 675.60
23	2.81	73	35.45	123	217.86	173	849.35	223	2 451.30	273	5 764.48
24	2.99	74	36.98	124	224.73	174	869.77	224	2 497.97	274	5 854.42
25	3.17	75	38.56	125	231.77	175	890.57	225	2 545.31	275	5 945.43
26	3.36	76	40.21	126	238.98	176	911.76	226	2 593.35	276	6 037.52
27	3.57	77	41.90	127	246.39	177	933.35	227	2 642.09	277	6 130.70

续表

温度 ℃	蒸气压 kPa	温度 ℃	蒸气压 kPa	温度 ℃	蒸气压 kPa	温度 ℃	蒸气压 kPa	温度 ℃	蒸气压 kPa	温度 ℃	蒸气压 kPa
28	3.78	78	43.66	128	253.97	178	955.34	228	2 691.53	278	6 224.98
29	4.01	79	45.48	129	261.75	179	977.73	229	2 741.68	279	6 320.36
30	4.25	80	47.37	130	269.71	180	1 000.54	230	2 792.55	280	6 416.86
31	4.50	81	49.32	131	277.88	181	1 023.77	231	2 844.15	281	6 514.49
32	4.76	82	51.33	132	286.24	182	1 047.42	232	2 896.47	282	6 613.24
33	5.04	83	53.42	133	294.80	183	1 071.49	233	2 949.54	283	6 713.14
34	5.33	84	55.57	134	303.57	184	1 096.00	234	3 003.36	284	6 814.20
35	5.63	85	57.80	135	312.56	185	1 120.95	235	3 057.93	285	6 916.41
36	5.95	86	60.10	136	321.75	186	1 146.34	236	3 113.26	286	7 019.79
37	6.28	87	62.48	137	331.16	187	1 172.19	237	3 169.35	287	7 124.35
38	6.63	88	64.94	138	340.80	188	1 198.48	238	3 226.23	288	7 230.10
39	7.00	89	67.47	139	350.66	189	1 225.24	239	3 283.88	289	7 337.05
40	7.39	90	70.09	140	360.75	190	1 252.47	240	3 342.33	290	7 445.21
41	7.79	91	72.79	141	371.07	191	1 280.17	241	3 401.57	291	7 554.58
42	8.21	92	75.58	142	381.62	192	1 308.34	242	3 461.62	292	7 665.18
43	8.65	93	78.46	143	392.42	193	1 337.00	243	3 522.48	293	7 777.02
44	9.11	94	81.43	144	403.47	194	1 366.15	244	3 584.17	294	7 890.11
45	9.60	95	84.49	145	414.76	195	1 395.79	245	3 646.67	295	8 004.44
46	10.10	96	87.64	146	426.30	196	1 425.94	246	3 710.02	296	8 120.05
47	10.63	97	90.90	147	438.10	197	1 456.59	247	3 774.20	297	8 236.93
48	11.18	98	94.25	148	450.16	198	1 487.75	248	3 839.24	298	8 355.10
49	11.75	99	97.70	149	462.49	199	1 519.43	249	3 905.13	299	8 474.56
50	12.35	100	101.26	150	475.09	200	1 551.64	250	3 971.89	300	8 595.32

附录四　常压下空气的物理性质

温度 /℃	密度 /g·m⁻³	黏度 /Pa·s	比热 /kJ·kg⁻¹·K⁻¹	热导率 /mW·m⁻¹·K⁻¹	温度 /℃	密度 /g·m⁻³	黏度 /Pa·s	比热 /kJ·kg⁻¹·K⁻¹	热导率 /mW·m⁻¹·K⁻¹
0	1.29	17.23	1.005 0	23.65	155	0.82	24.15	1.016 3	31.82
5	1.27	17.48	1.005 1	24.20	160	0.81	24.36	1.017 2	31.78
10	1.25	17.72	1.005 2	24.73	165	0.81	24.56	1.018 2	31.72
15	1.22	17.96	1.005 3	25.25	170	0.80	24.76	1.019 2	31.63
20	1.20	18.20	1.005 4	25.74	175	0.79	24.96	1.020 2	31.53
25	1.18	18.44	1.005 5	26.22	180	0.78	25.15	1.021 3	31.41
30	1.16	18.68	1.005 6	26.67	185	0.77	25.35	1.022 4	31.27
35	1.14	18.92	1.005 7	27.11	190	0.76	25.55	1.023 5	31.11
40	1.13	19.15	1.005 8	27.53	195	0.75	25.74	1.024 6	30.93
45	1.11	19.38	1.005 9	27.93	200	0.75	25.93	1.025 8	30.73
50	1.09	19.61	1.006 0	28.31	205	0.74	26.13	1.027 0	30.51
55	1.08	19.84	1.006 2	28.67	210	0.73	26.32	1.028 3	30.27
60	1.06	20.07	1.006 4	29.01	215	0.72	26.51	1.029 5	30.02
65	1.04	20.30	1.006 6	29.33	220	0.72	26.70	1.030 7	29.74
70	1.03	20.53	1.006 8	29.63	225	0.71	26.89	1.032 0	29.44
75	1.01	20.75	1.007 1	29.92	230	0.70	27.07	1.033 2	29.13
80	1.00	20.97	1.007 4	30.18	235	0.69	27.26	1.034 5	28.80
85	0.99	21.19	1.007 7	30.42	240	0.69	27.45	1.035 7	28.44
90	0.97	21.41	1.008 1	30.65	245	0.68	27.63	1.036 9	28.07
95	0.96	21.63	1.008 5	30.86	250	0.67	27.82	1.038 1	27.68
100	0.95	21.85	1.008 9	31.04	255	0.67	28.00	1.039 2	27.27
105	0.93	22.06	1.009 3	31.21	260	0.66	28.18	1.040 4	26.84
110	0.92	22.28	1.009 9	31.36	265	0.66	28.36	1.041 4	26.39
115	0.91	22.49	1.010 4	31.49	270	0.65	28.54	1.042 5	25.92
120	0.90	22.70	1.011 0	31.60	275	0.64	28.72	1.043 4	25.43
125	0.89	22.91	1.011 6	31.69	280	0.64	28.90	1.044 3	24.92
130	0.88	23.12	1.012 3	31.76	285	0.63	29.08	1.045 1	24.40
135	0.86	23.33	1.013 0	31.81	290	0.63	29.26	1.045 9	23.85
140	0.85	23.54	1.013 8	31.84	295	0.62	29.44	1.046 5	23.29
145	0.84	23.75	1.014 6	31.86	300	0.62	29.61	1.047 0	22.70
150	0.83	23.95	1.015 4	31.85					

附录五 常压下二氧化碳在水中的溶解度(101 325 Pa)

温度 K	溶解度 g·mL⁻¹	温度 K	溶解度 g·mL⁻¹	温度 K	溶解度 g·mL⁻¹	温度 K	溶解度 g·mL⁻¹	温度 K	溶解度 g·mL⁻¹
0	33.46	21	16.36	41	9.52	61	5.56	81	3.56
1	32.19	22	15.89	42	9.27	62	5.41	82	3.51
2	30.98	23	15.43	43	9.03	63	5.27	83	3.46
3	29.83	24	15.00	44	8.80	64	5.13	84	3.41
4	28.74	25	14.58	45	8.57	65	5.00	85	3.37
5	27.70	26	14.18	46	8.34	66	4.87	86	3.32
6	26.70	27	13.80	47	8.12	67	4.75	87	3.28
7	25.76	28	13.43	48	7.91	68	4.63	88	3.24
8	24.86	29	13.07	49	7.70	69	4.52	89	3.20
9	24.01	30	12.72	50	7.50	70	4.42	90	3.16
10	23.19	31	12.38	51	7.30	71	4.31	91	3.11
11	22.41	32	12.06	52	7.10	72	4.22	92	3.07
12	21.67	33	11.74	53	6.91	73	4.13	93	3.02
13	20.97	34	11.44	54	6.72	74	4.04	94	2.97
14	20.30	35	11.14	55	6.54	75	3.96	95	2.92
15	19.65	36	10.85	56	6.37	76	3.88	96	2.85
16	19.04	37	10.57	57	6.20	77	3.81	97	2.79
17	18.45	38	10.30	58	6.03	78	3.74	98	2.71
18	17.90	39	10.03	59	5.87	79	3.68	99	2.63
19	17.36	40	9.77	60	5.71	80	3.62	100	2.54
20	16.85								

附录六　乙醇—水气液平衡数据（101 325 Pa）

乙醇液相摩尔分率	乙醇气相摩尔分率	温度/℃	乙醇液相摩尔分率	乙醇气相摩尔分率	温度/℃
0.00	0.00	100.00	0.51	0.66	79.68
0.01	0.11	97.15	0.52	0.67	79.61
0.02	0.19	94.89	0.53	0.67	79.54
0.03	0.24	93.07	0.54	0.67	79.47
0.04	0.29	91.57	0.55	0.68	79.41
0.05	0.33	90.31	0.56	0.68	79.35
0.06	0.36	89.25	0.57	0.69	79.28
0.07	0.39	88.35	0.58	0.69	79.22
0.08	0.41	87.56	0.59	0.70	79.16
0.09	0.43	86.88	0.60	0.70	79.10
0.10	0.45	86.29	0.61	0.71	79.05
0.11	0.46	85.76	0.62	0.71	78.99
0.12	0.47	85.30	0.63	0.72	78.94
0.13	0.48	84.88	0.64	0.72	78.88
0.14	0.49	84.51	0.65	0.73	78.83
0.15	0.50	84.18	0.66	0.73	78.78
0.16	0.51	83.88	0.67	0.74	78.73
0.17	0.52	83.61	0.68	0.74	78.69
0.18	0.53	83.36	0.69	0.75	78.64
0.19	0.53	83.13	0.70	0.75	78.60
0.20	0.54	82.92	0.71	0.76	78.56
0.21	0.55	82.73	0.72	0.77	78.52
0.22	0.55	82.55	0.73	0.77	78.48
0.23	0.56	82.38	0.74	0.78	78.44
0.24	0.56	82.22	0.75	0.78	78.41
0.25	0.56	82.08	0.76	0.79	78.38
0.26	0.57	81.94	0.77	0.80	78.34
0.27	0.57	81.81	0.78	0.80	78.32
0.28	0.58	81.68	0.79	0.81	78.29
0.29	0.58	81.56	0.80	0.82	78.27

续表

乙醇液相摩尔分率	乙醇气相摩尔分率	温度/℃	乙醇液相摩尔分率	乙醇气相摩尔分率	温度/℃
0.30	0.59	81.45	0.81	0.83	78.24
0.31	0.59	81.34	0.82	0.83	78.22
0.32	0.59	81.24	0.83	0.84	78.21
0.33	0.60	81.14	0.84	0.85	78.19
0.34	0.60	81.04	0.85	0.86	78.18
0.35	0.60	80.94	0.86	0.87	78.17
0.36	0.61	80.85	0.87	0.87	78.16
0.37	0.61	80.76	0.88	0.88	78.15
0.38	0.61	80.67	0.89	0.89	78.15
0.39	0.62	80.59	0.90	0.90	78.15
0.40	0.62	80.50	0.91	0.91	78.15
0.41	0.62	80.42	0.92	0.92	78.16
0.42	0.63	80.34	0.93	0.93	78.17
0.43	0.63	80.26	0.94	0.94	78.18
0.44	0.64	80.19	0.95	0.95	78.19
0.45	0.64	80.11	0.96	0.96	78.21
0.46	0.64	80.03	0.97	0.97	78.23
0.47	0.65	79.96	0.98	0.98	78.25
0.48	0.65	79.89	0.99	0.99	78.28
0.49	0.65	79.82	1.00	1.00	78.31
0.50	0.66	79.75			

附录七 乙醇–正丁醇气液平衡数据（101 325 Pa）

乙醇液相摩尔分率	乙醇气相摩尔分率	温度/℃	乙醇液相摩尔分率	乙醇气相摩尔分率	温度/℃
0.00	0.00	117.68	0.51	0.83	90.53
0.01	0.04	116.76	0.52	0.83	90.21
0.02	0.08	115.87	0.53	0.84	89.90
0.03	0.12	115.00	0.54	0.84	89.59
0.04	0.15	114.16	0.55	0.85	89.28
0.05	0.19	113.35	0.56	0.85	88.97
0.06	0.22	112.55	0.57	0.86	88.67
0.07	0.25	111.78	0.58	0.86	88.38
0.08	0.28	111.04	0.59	0.87	88.08
0.09	0.30	110.31	0.60	0.87	87.79
0.10	0.33	109.60	0.61	0.88	87.51
0.11	0.35	108.91	0.62	0.88	87.23
0.12	0.38	108.24	0.63	0.89	86.95
0.13	0.40	107.59	0.64	0.89	86.67
0.14	0.42	106.95	0.65	0.89	86.40
0.15	0.44	106.33	0.66	0.90	86.13
0.16	0.46	105.72	0.67	0.90	85.86
0.17	0.48	105.13	0.68	0.91	85.59
0.18	0.49	104.55	0.69	0.91	85.33
0.19	0.51	103.98	0.70	0.91	85.07
0.20	0.53	103.43	0.71	0.92	84.82
0.21	0.54	102.88	0.72	0.92	84.56
0.22	0.56	102.35	0.73	0.93	84.31
0.23	0.57	101.83	0.74	0.93	84.06
0.24	0.59	101.32	0.75	0.93	83.82
0.25	0.60	100.83	0.76	0.94	83.57
0.26	0.61	100.34	0.77	0.94	83.33
0.27	0.62	99.86	0.78	0.94	83.09
0.28	0.64	99.39	0.79	0.95	82.85
0.29	0.65	98.93	0.80	0.95	82.62

续表

乙醇液相摩尔分率	乙醇气相摩尔分率	温度/℃	乙醇液相摩尔分率	乙醇气相摩尔分率	温度/℃
0.30	0.66	98.48	0.81	0.95	82.39
0.31	0.67	98.03	0.82	0.95	82.15
0.32	0.68	97.60	0.83	0.96	81.93
0.33	0.69	97.17	0.84	0.96	81.70
0.34	0.70	96.75	0.85	0.96	81.47
0.35	0.71	96.33	0.86	0.97	81.25
0.36	0.72	95.93	0.87	0.97	81.03
0.37	0.73	95.53	0.88	0.97	80.81
0.38	0.74	95.13	0.89	0.97	80.59
0.39	0.74	94.75	0.90	0.98	80.38
0.40	0.75	94.37	0.91	0.98	80.16
0.41	0.76	93.99	0.92	0.98	79.95
0.42	0.77	93.62	0.93	0.98	79.74
0.43	0.77	93.26	0.94	0.99	79.53
0.44	0.78	92.90	0.95	0.99	79.33
0.45	0.79	92.55	0.96	0.99	79.12
0.46	0.79	92.20	0.97	0.99	78.92
0.47	0.80	91.86	0.98	1.00	78.71
0.48	0.81	91.52	0.99	1.00	78.51
0.49	0.81	91.19	1.00	1.00	78.31
0.50	0.82	90.86			

附录八　阿贝折光仪的使用方法

一、原理

折射定律是在光的折射现象中,确定折射光线方向的定律。当光由第一媒质(折射率为 n_1)射入第二媒质(折射率为 n_2)时,在平滑的界面上,部分光由第一媒质进入第二媒质后即发生折射。指出:

(1)折射光线位于入射光线和界面法线所决定的平面内;

(2)折射线和入射线分别在法线的两侧;

(3)入射角 i 的正弦和折射角 i' 的正弦的比值,对折射率一定的两种媒质来说是一个常数。

光从光速大的介质进入光速小的介质中时,折射角小于入射角;光从光速小的介质进入光速大的介质中时,折射角大于入射角。折射率是物质的特性常数之一,其数值与温度、压力和光源的波长等有关。

阿贝折光仪就是根据折射定律的原理设计的。它主要由两块直角棱镜(棱镜1、棱镜2)构成,棱镜1的粗糙表面与棱镜2的光学平面镜之间有 0.1~0.15 mm 的空隙,用于铺成待测液体的薄层。光线从光密介质进入光疏介质,入射角小于折射角,改变入射角可以使折射角达到 90°,此时的入射角称为临界角 r_c。具有临界角 r_c 的光线穿出棱镜2后射于目镜上,此时若将目镜的十字线调节到适当位置,则会见到目镜上半明半暗。

二、使用方法

(1)仪器安装

将阿贝折光仪安放在靠窗的桌子或白炽灯前,应避免阳光直接照射,以免液体试样受热迅速蒸发。用超级恒温槽将恒温水通入棱镜夹套内,检查折光仪上的温度计读数是否符合要求。

(2)加样

旋开测量棱镜和辅助棱镜的闭合旋钮,使辅助棱镜的磨砂斜面处于水平位置。若棱镜表面不清洁,可滴加少量丙酮,用擦镜纸顺单一方向轻擦镜面(不可来回擦)。待镜面洗净干燥后,用滴管滴加数滴试样于辅助棱镜的毛镜面上,迅速合上辅助棱镜,旋紧闭合旋钮。若液体易挥发,动作要迅速,或先将两棱镜闭合,然后用滴管从加液孔中注入试样(注意切勿将滴管折断在孔内)。

(3)调光

转动镜筒使之相互垂直,调节反射镜使入射光进入棱镜,同时调节目镜的焦距,使目镜中视场最亮,并清晰的十字线明暗临界线。调节消色散补偿器使目镜中彩色光带消失。再调节读数螺旋,使明暗的界面恰好同十字线交叉处重合。若此时又呈微色散,必须重调消色散手柄,使临界线明暗清晰。

(4)读数

从读数望远镜中读出刻度盘上的折射率数值。常用的阿贝折光仪可读至小数点后的第4位。试样的成分对折光率的影响是极其灵敏的,玷污或试样中易挥发组分的蒸发,致使试样组分发生微小的改变,会导致读数不准,因此为了使读数准确,一般应将试样重复测量 3 次,每次相差不能超过 0.000 2,然后取平均值。

(5)仪器校正

折光仪的刻度盘上的标尺的零点有时会发生移动,须加以校正。校正的方法是用一种已知折光率的标准液体,一般是用纯水,按上述方法进行测定,将平均值与标准值比较,其差值即为校正值。在 15～30℃之间的温度系数为 -0.000 1/℃。在精密的测定工作中,须在所测范围内用几种不同折光率的标准液体进行校正,并画成校正曲线,以供测试时对照校核。

三、注意事项

1)折光仪的零位是可以调节的,只有调节好零位后再使用,才能获得准确的结果。

2)折光仪测试后用清洁的自来水冲洗盖板和棱镜面,把残留在上面的液体充分清除干净,再用细纸吸干残水,待晾干后再关上棱镜,保存备用。使用时要注意保护棱镜,清洗时只能用擦镜纸而不能用滤纸等。加试样时不能将滴管口触及镜面。

3)折光仪读数时间不能太长,在长期放置中,夹在折光仪盖板和棱镜之间的淬火液会缓慢蒸发掉其中的水分,随着水分的减少,液体薄层的浓度会逐渐升高。由于这样的原因,每次读数时间不要太长,以免增大误差。

4)折光仪棱镜必须注意保护,清洗时只能用擦镜纸而不能用滤纸等进行擦拭,以免在镜面上造成刻痕,不能用于测定强酸、强碱等腐蚀性液体。

5)每次测定时,试样不可加得太多,一般只需加 2～3 滴即可。

6)校正误差一般很小,误差过大时,整个仪器应重新校正。

若待测试样折射率不在 1.3～1.7 范围内,则阿贝折光仪不能测定,也看不到明暗分界线。

7)读数时,有时在目镜中观察不到清晰的明暗分界线,而是畸形的,这是由于棱镜间未充满液体;若出现弧形光环,则可能是由于光线未经过棱镜而直接照射到聚光透镜上。

附录九　内插法

一、原理

内插法又称插值法,可分为线性内插、非线性内插等,工程计算中一般采用线性内插即可满足误差要求。线性内插是根据 $f(x)$ 在区间 $[a,b]$ 内两点的函数值 $f(a)$ 和 $f(b)$,利用等比关系,求取出在区间 $[a,b]$ 内的其他函数值的近似值。

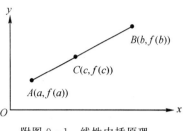

附图 9-1　线性内插原理

线性内插原理是,若 $A(a,f(a))$,$B(b,f(b))$ 为两点,则点 $C(c,f(c))$ 在上述两点确定的直线上,如附图 9-1 所示。

存在如下关系式:

$$\frac{b-c}{f(b)-f(c)}=\frac{c-a}{f(c)-f(a)}$$

二、示例

如某参考文献中水的物理性质仅能查取每隔 $10℃$ 的密度,见附表 9-1。

附表 9-1　水的物理性质

温度/℃	0	10	20	30	40	50	60	70	80	90	100
密度/(kg·m⁻³)	999.9	999.7	998.2	995.7	992.2	988.1	983.2	977.8	971.8	965.3	958.4

如何得到其余温度下(例如 $56℃$)的密度?

考虑到 $56℃$ 在区间 $[56,60]$ 内,因此可先假设 $56℃$ 水的密度为 x,则

$$\frac{60-56}{983.2-x}=\frac{56-50}{x-988.1}$$

解得 $x=985.2\ \text{kg/m}^3$。

需要说明的是,除线性内插法,还有非线性内插法,可得到误差更小的数值,但计算较为复杂,在此不做介绍。线性内插一般情况下可满足工程计算要求,且计算简单,因此被普遍采用。

附录十 双对数坐标纸的使用方法

一、原理

双对数坐标的两个坐标轴是对数坐标,也就是两个坐标轴的单位长度经过对数计算后的平面坐标系。经过对数计算,自变量和因变量均会发生变化,这种变化是非线性的,而且是数量级上的变化。因此自变量和因变量原本的变化关系也会发生变化。

如空气-蒸气对流给热系数测定实验,流体在圆形直管内做强制湍流对流传热时,传热准数关联式为

$$Nu = A \cdot Re^m \cdot Pr^{0.4}$$

将此式两边除以 $Pr^{0.4}$,并取对数,则

$$\lg \frac{Nu}{Pr^{0.4}} = m \cdot \lg Re + \lg A$$

此式相当于 $y = ax + b$,为一典型的直线方程。

若将 $Y = \lg \dfrac{Nu}{Pr^{0.4}}$ 和 $X = \lg Re$ 标绘在普通直角坐标纸上,即可以得到一条直线,直线的斜率为 m,截距为 $\lg A$。

这样处理的优点是,可以方便地求出斜率和截距,但是需要将每一个实验数据求对数。为了避免将每个实验数据都换算成对数值,可以将坐标纸上的分度直接按对数值绘制,即形成对数坐标。也就是说直接将数值标绘于双对数坐标纸上,就可以得到直线,从而求得分斜率和截距,省去了求对数的麻烦。

二、注意事项

对数坐标在应用时需注意以下几点:

1)标在对数坐标轴上的数值为真数。

2)坐标的原点为 $X=1,Y=1$,而不是零,因为 $\lg 1 = 0$。

3)由于 $0.01,0.1,1,10,100$ 等数值,对应的对数值分别为 $-2,-1,0,1,2$ 等,所以在坐标纸上,每次数量级的距离是相等的。

4)在对数坐标上求斜率的方法,与在直角坐标上的求法有所不同,这一点需要特别注意。在双对数坐标上求斜率不能直接由坐标度来度量,因为在对数坐标上标度的数值是真数而不是对数。因此双对数坐标纸上直线的斜率需要用对数值来求算,或者直接用尺子在坐标纸上量取线段长度求取。

$$m = \frac{\Delta y}{\Delta x} = \frac{\left(\lg \dfrac{Nu}{Pr^{0.4}}\right)_2 - \left(\lg \dfrac{Nu}{Pr^{0.4}}\right)_1}{(\lg Re)_2 - (\lg Re)_1}$$

式中:Δy 与 Δx 的数值即为用尺子测量而得的线段长度。

5）在双对数坐标上，直线与 $x=1$ 的纵轴相交处的 y 值，即为原方程 $Nu=A \cdot Re^m \cdot Pr^{0.4}$ 中的 A 值，若所标绘的直线需延长很远才能与 $x=1$ 的纵轴相交，则可求得斜度 x 之后，在直线上任取一组数据 x 和 y，代入原方程中，也可求得 A 值。

参 考 文 献

[1] 陈敏恒,丛德滋,方图南,等.化工原理[M].2 版.北京:化学工业出版社,2020.

[2] 马晓迅,夏素兰,曾庆荣.化工原理[M].北京:化学工业出版社,2010.

[3] 陈均志,李磊.化工原理实验及课程设计[M].2 版.北京:化学工业出版社,2020.

[4] 赵晓霞,史宝萍.化工原理实验指导[M].北京:化学工业出版社,2011.

[5] 居沈贵,夏毅,武文良.化工原理实验指导[M].2 版.北京:化学工业出版社,2020.

[6] 刘军海,李志洲,季晓晖,等."化工原理实验"教学改革的几点思考[J].安徽化工,2019,45
(5):107 - 108,111.

[7] 李志洲,刘军海,杨海涛,等.化工类专业实践教学体系的构建与应用研究[J].广州化工,
2011,39(5):173 - 174.

[8] 刘军海,李志洲,王俊宏,等.化工设计课程教学改革的思考[J].安徽化工,2016,42(2):
103 -104.